国际放射防护委员会第 126 号出版物
(ICRP PUBLICATION 126)

氡照射的放射防护

Radiological Protection against Radon Exposure

主译　邓　君
审校　孙全富　苏　旭
译者　邓　君　范胜男
　　　曹　磊　翟贺争

中国原子能出版社

图书在版编目（CIP）数据

氡照射的放射防护 / 邓君译. —北京：中国原子能出版社，2021.6
ISBN 978-7-5221-1418-7

Ⅰ. ①氡… Ⅱ. ①邓… Ⅲ. ①氡–辐射防护 Ⅳ. ①TL7

中国版本图书馆 CIP 数据核字（2021）第 111927 号

氡照射的放射防护

出版发行	中国原子能出版社（北京市海淀区阜成路 43 号　100048）
特约编辑	汤晓浩
责任编辑	刘东鹏
装帧设计	崔　彤
责任校对	冯莲凤
责任印制	赵　明
印　　刷	北京卓诚恒信彩色印刷有限公司
经　　销	全国新华书店
开　　本	850 mm×1168 mm　1/32
印　　张	3.4375
字　　数	61 千字
版　　次	2021 年 6 月第 1 版　2021 年 6 月第 1 次印刷
书　　号	ISBN 978-7-5221-1418-7　　**定　价　25.00** 元

网址：**http://www.aep.com.cn**　　E-mail：**atomep123@126.com**
发行电话：**010-68452845**

中文版前言

国际放射防护委员会（ICRP）及其出版物提出并阐述的放射防护体系、原则和方法已得到相关国际组织和世界各国的普遍认可。ICRP 出版物已成为放射防护及其相关领域工作者实践和发展放射防护事业的重要参考资料。

氡是室内重要的气态污染物之一，也是人类受到天然辐射照射的最主要来源，氡照射的放射防护需求尤为迫切。ICRP 于 2014 年批准发布了 126 号出版物《氡照射的放射防护》，用于阐明氡防护的基本原则，指导如何做好居民住所、工作场所以及其他类型场所氡照射的放射防护工作。

我国室内氡浓度水平呈现持续增长趋势，这应引起足够的重视。为了适应氡照射放射防护的新形势与挑战，学习和引入国际上新的技术、新的理念、新的经验和新的成果，对进一步丰富深化国内放射防护实践，控制氡照射具有重要意义。中国疾病预防控制中心辐射防护与核安全医学所注意到人们对 ICRP 出版物日益增长的需求，在 ICRP 出版物的翻译出版方面做出了长期坚持和努力。因此，我们决定翻译出版 ICRP 126 号出版物。

中国疾病预防控制中心辐射防护与核安全医学所邓君副研究员为获得 ICRP 的中文版授权积极联系，最终获得 ICRP 的中文翻译出版授权；中国疾病预防控制中心辐射防护与核安全医学所尚兵研究员和南华大学丘寿康教授为本书的翻译和出版做了大量的工作。在此，向他们致以衷心的感谢。

中国疾病预防控制中心
辐射防护与核安全医学所
2021 年 6 月

特邀评论

氡（Radon）

氡－222 是一种广泛存在于自然环境中的放射性气体，被确认为是继吸烟之后导致肺癌的第二大因素。氡存在于所有建筑物和地下场所中，浓度水平差异较大，主要取决于地质状况和建筑特征等因素。对于大多数人包括某些从业人员，氡是其所受辐射照射的主要来源。

此前，国际放射防护委员会（本书中简称委员会）更为重视如核能与医用辐射等人工辐射源的放射防护。因此，虽然氡照射的放射防护非常重要，但相关建议却出台较晚。

1991 年，委员会发布 1990 年建议书（ICRP，1991），引起人们对于居室和工作场所中天然辐射源放射防护必要性的关注。此后，委员会深入探讨了这一主题，并在第 65 号出版物中就居室和工作场所中氡－222 的防护提出了具体建议（ICRP，1993）。该建议书提出了氡防护的关键性策略，包括划分可能的氡潜势区域以便集中有效的防护资源，以及利用氡测量水平来辅助决策是否需要采取补救措施。对于居室，若测量水平对应年有效剂量达到 3～10 mSv，则建议采取干预措施。然而，工作场所中氡的防护要求有别于居室。虽然氡为内照射来源，但委员会并未推荐采用人体呼吸道剂量学模型来评价和控制氡照射，而是通过直接对比单位有效剂量与单位暴露量导致的危害，将氡暴露量（通过剂量转换约定）转换为有效剂量。

2007 年，委员会发布新建议书（ICRP，2007），继承和发展了 1990 年建议书（ICRP，1991）的主要内容，规范了适用于所有电离辐射源项（不论辐射源项强度和来源）的放射防护体系，并重点提倡防护最优化原则的应用。2007 年建议书（ICRP，2007）区分了计划照射、应急照射和现存照射情况。由于在决定采取控制措施时就已经存在，大多数氡照射为现存照射情况。通过采用参考水平和最优化来实现氡照射防护。

2010 年发布的第 115 号出版物更新了氡及其子体照射所致肺癌危险的估计值（ICRP，2010），其中一个重要结论是将氡照射的危害调整标称危险系数（detriment-adjusted nominal risk coefficient）应调整为此前设定值的两倍。同时发布的，还有委员会关于氡的声明（ICRP Statement on Radon）。声明修订了氡参考水平上限值，并计划采用剂量学模型估算氡剂量系数。

同期，委员会成立了第 4 工作组，综合考虑氡致肺癌危险相关报告，并详细阐述 2007 年建议书中关于氡照射的防护原则。工作组报告刊发于《国际放射防护委员会年报》，预示氡照射防护发展到了一个新阶段。报告描述和澄清了：采用 2007 年提出的放射防护体系新建议，为公众和工作人员提供居室、工作场所及其他场所的氡照射防护。在既往建议的基础上，采取综合方法对所有建筑物中的氡照射进行防护，而不论场所用途以及场所中居留人员的状态。对氡照射的管理，很大程度上是基于参考水平的最优化。延续委员会的建议，参考水平采用有效剂量表示，约为 10 mSv·a^{-1}。对于存在特殊问题的天然放射性升高的工作场所照射的管理，报告建议采取工作场所分级方法，采用与其他建筑物和场所相同的参考水平。若实施了所有合理的措施后，氡照射水平仍高于参考水平，则应满足职业照射防护体系的相关要求。

本报告的发布标志着一个重要进展：构建适用于所有辐射源和照射情况、以最优化原则为核心的统一放射防护体系。报告所阐述的放射防护策略，也可供其他较高水平天然照射情况参考。

委员会正在逐步完善氡放射防护体系，拟近期发布适用于多种不同情况的氡剂量转换系数。

——**John R.Cooper**

国际放射防护委员会原主任委员

参考文献

ICRP，1991．1990 Recommendations of the International Commission on Radiological Protection. ICRP Publication 60．Ann．ICRP 21（1－3）.

ICRP，1993．Protection against Radon－222 at home and at work．ICRP Publication 65．Ann．ICRP 23（2）.

ICRP，2007．The 2007 Recommendations of the International Commission on Radiological Protection．ICRP Publication 103．Ann．ICRP 37（2－4）.

ICRP，2010．Lung cancer risk from radon and progeny and Statement on Radon．ICRP Publication 115，Ann．ICRP 40（1）.

编者寄语

——致《国际放射防护委员会年报》新任副主编欢迎词

2012 年 1 月，国际放射防护委员会迎来了首位助理学术秘书 Michiya Sasaki 博士。两年来，Sasaki 博士义务在加拿大渥太华任国际放射防护委员会学术秘书。期间，Sasaki 博士还担任了《国际放射防护委员会年报》的副主编，参与了从第 120 号出版物（ICRP，2013）到第 125 号出版物（ICRP，2014）的编辑工作。此外，他还帮助推动了科学秘书处乃至整个委员会的工作。

早在 2011 年 3 月之前，委员会与日本电力中央研究所（Central Research Institute of Electric Power Industry，CRIEPI）就达成了派遣 Sasaki 博士到委员会工作的协议，但日本福岛核事故大大推迟了此计划。委员会和其他机构对福岛第一核电厂事故期间/后引发的一系列事件高度关注，我们能与一位来自日本的专家保持良好的工作联系既偶然又幸运。Sasaki 博士致力于推动委员会与日本民众、学者、政府机构和非营利组织等的有效沟通，充分发挥他们的核心作用。

目前，我们很遗憾看到 Sasaki 博士在委员会的任期已满。在全球范围内公开征求意向后，日本电力中央研究所同意再次派出一名专家在委员会科学秘书处任职。2014 年 3 月，Nobuyuki Hamada 博士正式开始了在委员会的工作。前期，Hamada 博士在位于东京的实验室通过远程的方式参与工作，2014 年 5 月起在加拿大渥太华委员会科学秘书处驻地工作。

Hamada 博士获得日本茨城县立医疗大学（Ibaraki Prefectural University of Health Sciences）的理学学士学位、长崎大学（Nagasaki University）的理学硕士和哲学博士学位。Hamada 博士曾在日本放射线医学综合研究所（National Institute of Radiological Sciences）和日本东北大学癌症发展研究所（Tohoku University Institute of Development，Aging and Cancer）开展博士后工作，曾任日本群马大学（Gunma University）副教授。2010 年，Hamada 博士任职于日本电力中央研究所辐射安全研究中心，从事研究工作。15 年来，他主要的研究方向是放射生物学，包括对非靶效应、重离子效应、正常人眼晶状体上皮细胞辐射效应的研究。他撰写/合作撰写了约 80 篇论文并在国际期刊上发表，同时也是美国辐射研究学会 2013 年度 Michael Fry 研究奖和日本辐射研究学会奖等十几项著名奖项的获得者。

我们真诚欢迎 Hamada 博士来国际放射防护委员会

担任助理科学秘书长与国际放射防护委员会年报的副主编。

Christopher H.Clement

国际放射防护委员会科学秘书

主　　编

参考文献

ICRP，2013. Radiological protection in cardiology. ICRP Publication 120. Ann. ICRP 42（1）.

ICRP，2014. Radiological protection in security screening. ICRP Publication 125. Ann. ICRP 43（2）.

目　录

氡照射的放射防护

国际放射防护委员会（ICRP）第126号出版物

2014年4月委员会批准

摘　要

综合考虑委员会关于放射防护系统的最新建议、氡危险所有可用的科学知识以及有关组织和国家在氡照射控制方面获得的经验，委员会在报告中提供了最新的氡照射放射防护指导，阐述了氡照射的特点（包括氡的来源和转移机制），氡的健康危险以及氡照射管理的挑战，建议尽可能采用综合措施对产生氡的建筑物和/或其他场所进行氡照射控制和管理。基于防护最优化原则，报告中分级明确了主要利益攸关方（特别是在工作场所）的责任，以及国家主管部门控制氡照射的目标。本报告还提供了放射工作人员氡职业照射的管理建议，以及应遵守的相关要求。

关键词：氡照射；预防；缓解；住所；建筑物；工

作场所

国际放射防护委员会作者代表

J-F. Lecomte，S. Solomon，J. Takala，T. Jung，P. Strand，C. Murith，S. Kiselev，W. Zhuo，F. Shannoun，A. Janssens

前　言

在 2009 年 11 月葡萄牙波尔图召开的会议上，国际放射防护委员会（ICRP）的主委员会批准成立一个新的任务组，受第四委员会领导，旨在开展氡照射的放射防护指导工作。新任务组的职责是起草一份描述和阐明如何实施 ICRP 2007 年建议书中关于居室、工作场所和其他类型场所中氡照射防护建议的出版物。出版物应指明现存照射类型的特点，讨论氡被视为计划照射的情况。出版物还应当在放射防护原则应用、适当的个人剂量约束，以及通过国家行动计划控制氡致危险的方法等方面给予指导。出版物应当参考 ICRP 已经发布的相关出版物，如 1993 年发布的关于住所及工作场所中氡-222 的防护（第 65 号出版物）、2006 年发布的放射防护最优化原则（第 101 号出版物第二部分）、2007 年发布的关于 ICRP 最新的一般性建议（第 103 号出版物），以及 2010 年发布的关于氡及其子体致肺癌危险评估（第 115 号出版物），其中第 115 号出版物包含委员会于 2009 年 11 月份批准的关于氡的声明及众多机构和国家在氡照射控制中取得的相关经验。

任务组成员由以下人员构成：

J-F. Lecomte（主席）	T. Jung	C. Murith
J. Takala	S. Solomon	S. Kiselev
P. Strand	W. Zhuo	

通讯组会员由以下人员构成：

R. Czarwinski（2009—2012）	A. Janssens	B. Long
S. Niu	F. Shannoun	T. Colgan（2012—2013）

第四委员会主要评审人员：

J. Simmonds	W. Zeller	S. Liu

主委员会主要评审人员：

J. Cooper（2009—2012）	A. Gonzalez（2009—2012）
J. Harrison（2013）	E. Vano（2013）

此外，作为任务组的秘书，Céline Bataille 和 Sylvain Andresz 提供了富有成效的科学援助。通过国际放射防护委员会的协调，André Poffijn、Ludovic Vaillant、法国的一个学术组、英国公众健康组织的几位专家为任务组提供了许多有益的建议。本任务组对上述人员，以及为这次

会议提供设施及支持的法国核防护评估研究中心（Centred' étude sur l'Evaluation de la Protection dans le domaine Nucléaire，简称 CEPN）表示感谢。同时感谢国际放射防护委员会首任助理学术秘书 Michiya Sasaki 所做出的贡献。

任务组主要通过信件及 2010 年 4 月 28—30 日和 2010 年 9 月 19—21 日在法国 CEPN 的两次会议的形式开展工作。

在准备这次报告期间，第四委员会的成员由以下人员构成：

（2009—2013）

J. Lochard（主席）	M. Kai	K. Mrabit
W. Weiss（副主席）	II. Liu	S. Shinkarev
J-F. Lecomte（秘书）	S. Liu	J. Simmonds
P. Burns	S. Magnusson	A. Tsela
P. Carboneras	G. Massera	W. Zeller
D. A. Cool	A. McGarry	

（2013—2017）

D.A.Cool（首席会员）	M. Doruff	A. Nisbet
J-F. Lecomte（秘书）	E. Gallego	D. Oughton

F. Bochud
M. Boyd
A. Canoba
K-W. Cho
T. Homma
M. Kai
S. Liu
A. McGarry
T. Pather
S. Shinkarev
J. Takala

实施提要

（a）本报告旨在描述和阐明公众和工作人员在住宅、工作场所与其他场所受到的氡照射放射防护体系及其应用。

（b）镭–226 以不同的浓度分布在地壳中，氡–222 是镭–226 的放射性衰变产物，氡–220 是由同样存在于地壳中的钍–232 衰变链中镭–224 的放射性衰变产物。氡有两个重要的同位素：氡–222 和氡–220。氡是一种气体，通过从土壤渗透释放到室内。氡的迁移受到诸多因素影响，如土壤类型、建筑物地点等。氡–222 和氡–220 都能从建筑材料中释放到室内空气中，不同建筑物的室内氡浓度可相差几个数量级。本报告重点关注氡–222。

（c）氡吸入。氡是惰性气体，几乎吸入体内的所有惰性气体均会被再次呼出。但是，吸入含短寿命氡子体的气溶胶则会沉积到呼吸道内。根据气溶胶的扩散特征，空气中的衰变产物可沉积到鼻腔、支气管壁和肺部深处。氡的短寿命衰变子体中钋–218 和钋–214 发射α粒子，这些α粒子沉积能量是可能导致健康效应辐射照射的主要来源。

（d）ICRP 第 115 号出版物中，委员会回顾和分析了氡照射与肺癌关系的流行病学研究现状。地下矿山和住宅内流行病学研究结果均强有力地证明了氡及其子体照射可引起肺癌。因此，出于辐射防护的目的，委员会建议：若处于氡及其子体平衡状态的照射下，成人人群（无论吸烟与否）肺癌危害调整标称危险系数为 8×10^{-10}/（Bq・h・m^{-3}），或 5×10^{-4}（WLM）。该值约是 ICRP 第 65 号出版物中推荐值的 2 倍。迄今还没有一致的证据表明氡及其子体照射能使除肺癌以外的实体瘤和白血病的发病率增加。

（e）放射防护体系中，氡来源于广泛存在于地壳中且浓度未经改变的原生天然放射性核素（ICRP，2007），因此氡照射具有现存照射情况的特征。建筑或采矿等人类活动可产生或改变氡的照射途径，从而增加人类受氡及其子体照射的机会。氡的照射途径可通过采取预防或缓解措施来加以控制，但氡照射源由于在决定采取控制措施时就已经存在，故源本身并不能被改变。然而，某些工作场所氡照射情况在一开始就被国家管理部门认定为计划照射情况，包括铀矿开采与核燃料循环。

（f）虽然发现有些场所的氡浓度非常高，可能需要立即采取防护行动，但是氡不可能导致应急照射情况。

（g）相比第 60 号出版物（ICRP，1991），委员会在第 103 号出版物中延续采用了（ICRP，2007）对各类照射情况的管理方法。这个方法基于最优化原则，采用适当的个人剂量限制：即剂量约束或参考水平。最优化目的是指尽力降低照射剂量使其可合理达到低于剂量约束或参考水平，而不是仅仅考虑最初的照射水平。

（h）日常居家和工作中不可避免地会受到氡的照射。与很多其他的现存照射情况一样，氡照射情况差异也非常大。氡照射水平在很大程度上依赖于个体行为，因此有效的自我防护措施至关重要。照射情况的特征是控制氡照射的先决条件。各国氡照射的管理应涉及众多不同利益攸关方参与的诸多问题，如环境、卫生、经济、农业和教育等。

（i）室内氡照射的控制面临诸多挑战。由于个人会在同一地区不同地点活动，防氡策略应当由国家主管部门制定，对于不同地点应以一致性管理要求和综合管理方法实施防护策略。大部分的氡照射发生在住宅中，所以从公共卫生角度而言，防氡策略应着眼于解决住宅中的氡照射问题。在许多建筑物中，氡水平可能远高于存在潜在健康危险的浓度，这就需要保证降低人群的总照射和最高的个人照射。防氡策略应简洁明确、随其他健康危害适当调整、可被支持并能长期实施，且使所有利益攸关方参与。

(j) 国家防氡策略必须解决责任方面的一些挑战，尤其是个体房主对住户、房产商或卖方对买方、房东对租客、雇主对雇员，总而言之是任何建筑物的责任人对其使用者负有责任。所有这些因素都会成为防氡策略实施的潜在影响。

(k) 一系列责任驱动了防氡策略的需求。防护策略以效果和实用为基础，任何防氡策略应该旨在维持和/或降低氡浓度到一个可合理达到尽可能低的水平。值得注意的是，室内氡不可能被完全消除。

(l) 氡作为辐射照射的重要来源普遍存在，是继吸烟之后导致肺癌的第二大因素，并且在多数情况下氡照射是可控的。委员会认为大多数情况下，制定国家防氡策略是正当的。防氡策略还将对烟草控制和改善室内空气质量等其他公共卫生政策产生积极的影响。国家管理部门制定和实施防氡策略不仅需要考虑照射情况特征(包括氡浓度的评估和氡潜势区的识别)，而且还要考虑公共卫生的优先顺序和社会经济因素。氡照射引起吸烟者患肺癌的绝对危险明显高于非吸烟者，但委员会的氡防护建议并不区分吸烟者和非吸烟者。

（m）照射情况的特征是实施最优化原则的前提。最优化原则是在考虑当前经济和社会情况下，控制（保持或降低）氡照射到可合理达到的尽可能低的水平。如同对其他辐射源的控制，委员会建议采用源相关的个人剂量约束结合最优化防护的方法。

（n）与其他辐射源一致，国家相关管理部门有责任制定氡剂量参考水平及导出浓度参考水平，并将防护最优化原则应用到具体实践中。其目的为：既要降低普通人群的整体危险，同时，也要降低最大受照者的个体风险。在这两种情况下，主要通过对建筑物而不是个人照射的管理来实施防护的最优化，从而实现室内空气氡浓度水平低于国家参考水平且可合理达到尽量低。

（o）氡照射仅能通过改变照射途径加以控制，从而降低个人剂量。鉴于上述考虑及委员会对现存照射年剂量参考范围 1～20 mSv 的建议（ICRP，2007 年，表 5），委员会认为在制定氡参考水平时，应继续以 ICRP 第 65

号出版物（ICRP，1993）中大约 10 mSv 为基准。

（p）大多数氡浓度控制措施都适用于建筑物。因此，以空气中氡浓度［贝可每立方米（$Bq \cdot m^{-3}$）的可测量量］来确定氡的导出参考水平是合适的。委员会第 103 号出版物（ICRP，2007）建议住宅中氡导出参考水平上限值为 600 $Bq \cdot m^{-3}$，工作场所为 1 500 $Bq \cdot m^{-3}$。对照第 115 号出版物中关于氡的流行病学结果的评议和标称危险系数增加约 2 倍的情况，委员会在相关氡控制声明中将住宅中氡的参考水平上限值降为 300 $Bq \cdot m^{-3}$。根据修订标称危险系数的剂量转换约定，长期暴露在氡浓度 300 $Bq \cdot m^{-3}$ 住宅中，约相当于额外增加年剂量 10 mSv。氡声明中还提出采用 1 000 $Bq \cdot m^{-3}$ 代替 1 500 $Bq \cdot m^{-3}$ 的参考水平上限，作为职业性放射防护要求的切入点。

（q）声明表示，委员会即将发布其参考动力学模型和剂量学模型计算得出的一系列氡及其子体摄入的剂量系数。根据新的剂量系数，住宅中氡浓度 300 $Bq \cdot m^{-3}$ 对应于更高的年剂量，但仍在 1～20 mSv 范围内。

（r）考虑氡防护策略的可操作性，委员会建议继续采用 300 $Bq \cdot m^{-3}$ 作为住宅中氡–222 的导出参考水平上限值。委员会强烈鼓励国家管理部门在考虑现行的经济和社会因素情况下，在 100～300 Bq • m^{-3} 范围内制定国家导出参考水平且可合理达到的尽可能低的水平。这与委员会氡声明和世界卫生组织（WHO）室内氡手册一致。当评估建筑物或地点的氡浓度与导出参考水平符合情况时，测量值应代表该建筑物或地点的氡年平均浓度。

（s）个人在日常生活中总在同一区域四处活动，其防护应建立在与具体位置无关的同一基础上。简单起见，委员会建议对多用途建筑（既可用于普通人群也可用于职业人群）采用相同的上限值 300 Bq • m^{-3}。

（t）目前，委员会建议采用一种分级方法控制氡照射。这一方法中，氡防护策略应从激励相关决策者推动氡自我防护的行动开始，诸如测量和必要时的补救行动。该过程可通过提醒、建议、帮助和必要时的正式规定等形式加以实施。这些不同行动的实施及实施水平应取决于照射情况的法律责任和国家氡防护策略的目标。

（u）工作场所应采用有针对性的分级方法，以代替氡职业性放射防护要求的参考水平起点（1 000 Bq • m^{-3}）。对于诸如工作人员不视为职业照射的办公楼等处的氡照射，第一步应是降低氡浓度，使其降低到住宅的导出参考水平以下可合理达到的尽可能低的水平。由于人们在工作场所的停留时间往往比住宅少，相应的年剂量通常也比住宅低。如果第一种方法不适用，可采用另一种更切合实际的方法，即结合照射的实际特征（如居留时间）和约 10 mSv 的年剂量参考水平的防护最优化。

（v）对于采取了所有可行的降低氡照射措施的工作场所，但氡照射剂量仍然超过参考水平，场所中工作人员应视为职业照射。在这种情况下，委员会建议采用职业照射的相关要求（ICRP，2007 第 5.4.1 节）。

（w）对于国家管理部门已确定的氡职业照射工作场所，委员会建议继续采用工作场所职业性防护要求。这类工作场所包括地热温泉、溶洞等其他地下工作场所。

（x）无论工作人员接受的氡照射是否为职业照射，都应低于现存照射的个人剂量限值（20 mSv • a^{-1}）。特别是国家管理部门认定为计划照射进行管理的氡照射，应采用职业照射剂量限值。

（y）从长远角度出发建立的国家氡防护策略才能有效。通常，需要数十年的不懈努力才能明显降低普通人群的氡照射危险。为了使表述更加清晰，委员会认识到应区分预防和缓解的含义。预防是在目前的条件下维持氡照射在可合理达到的尽可能低的水平，特别是新建建筑物；缓解是降低现有建筑物中氡照射至可合理达到的尽可能低的水平。

（z）因此，防氡策略应包括预防行动。无论居留人员类别、室内位置和照射情况类型，应考虑在建筑物的规划、设计和施工阶段解决氡照射控制的问题。应通过土地规划、新建筑的建设规范和老旧建筑物的改造等方式实施氡照射防护。这也意味着，防氡策略应与建筑其他有关策略（如室内空气质量或节能等）相协调，以达到促进协同和不相矛盾。

（aa）国家防氡策略的缓解措施涉及现存建筑物或场地。在这种情况下，无论居留人员类别，均应通过管理建筑物、场地及其使用情况来尽可能地确保对照射的控制。管理的主要措施是测量和必要时采取补救措施以降低照射。

（bb）国家氡防护策略应在国家管理部门与利益攸关方共同参与下，通过建立国家氡行动计划来组织实施。行动计划应建立一个具有明确基础结构的框架，确定国家氡照射控制的优先事项和责任，并提出连续的氡控制措施。根据照射特征，行动计划应明确各利益攸关方，如受照射者和应提供支持或实施支持者；设法解决道德问题，特别是与责任相关的问题；并为可持续发展提供信息、指导、支持和条件。

（cc）国家行动计划还应涵盖并解决氡的测量技术和规范、确定氡潜势区的调查、降氡措施及其在不同情况下的应用、包括信息、培训和利益攸关方参与的配套政策及氡防护措施有效性的评价。对公众开放和办公用的建筑也应给出具体的分级方法，明确法律责任。应定期对国家行动计划（包括导出参考水平的具体数值）进行评估和审查。

主要论点

1. 人们在家中、工作场所以及多用途建筑物内均可受到氡的照射。室内氡浓度的差异会明显导致氡照射的不均匀分布。通常情况下，室外氡照射不是问题。

2. 有充足的证据表明，氡及其子体照射会导致肺癌。氡照射是继吸烟之后致肺癌的第二大因素。

3. 由于氡的母体核素普遍存在于地壳中且浓度未经变化，氡的照射为现存照射情况。只有氡的照射途径能够被控制。

4. 国家审管部门应对氡照射的类型进行分类，并建立全国性的防氡策略。由于大多数的氡照射发生在居室内，该策略应从公共卫生的角度来处理居室内氡照射，还应致力于降低整体人群的氡照射集体剂量和个体最高照射剂量。

5. 该策略应简单且具有实用性；还应具有整体性，以适用于所有类型的建筑；还应根据具体情况与责任进行等级划分；应不区分吸烟者与非吸烟者。该策略还应与其他公共卫生政策相结合，例如节约能源、控制吸烟及室内空气质量控制等。

6. 氡防护策略应包括：对于新建筑应采取的预防措施；对于现存建筑应采取的缓解措施。

7. 氡照射控制主要基于有适当参考水平的防护最优化原则。根据委员会的建议，这个水平对应于年剂量限值 1～20 mSv。委员会认为，应将 10 mSv 左右的年剂量作为制定氡照射参考水平的基准。

8. 在氡防护策略的实施过程中，委员会建议室内氡浓度导出参考水平的最高值为 300 Bq • m^{-3}（年平均浓度），该值同样适用于其他类型建筑和工作场所。

9. 委员会强烈鼓励国家审管部门建立全国氡浓度导出参考水平。考虑当前经济和社会情况等因素，该水平应是在 100～300 Bq • m^{-3} 范围内可合理达到的最低值。

10. 大多数工作场所内，工作人员接受氡照射具有偶然性，不被认定为职业照射。委员会建议通过以下步骤对工作场所进行针对性的等级划分：

1）对于所有建筑和工作场所，根据通用的导出参考水平，采取最优化的防护；

2）氡浓度不易降低的场所，可根据实际的照射条件，如居留时间，以及年剂量 10 mSv 的参考水平，采取最优化的防护；

3）当采取所有合理的措施后，氡照射仍然高于参考水平，应按照职业照射的要求采取相应防护措施。

11. 如经国家审管部门认定，工作人员所受氡照射为职业照射时，应从一开始就在相应工作场所采取相应的职业照射防护措施。

12. 当国家审管部门认定氡照射情况为计划照射情况时，应实施相应的职业照射剂量限值。

术 语

照射类型

委员会定义的 3 类辐射照射类型：医疗照射、职业照射和公众照射。

导出参考水平

根据设定的剂量参考水平，以操作量或可测量的量表示的数值。

雇主

根据国家法律指定的、按照相互同意的协议对他/她雇佣的工作人员负有明确责任、承诺和义务的组织、团体、合伙企业、公司、协会、信托、房地产商、公立或民营机构、集团、政治或管理实体或者其他人。自由职业者既是雇主也是工作人员。

平衡当量浓度

氡与其短寿命子体处于平衡状态并具有与实际非平衡混合物相同的 α 潜能浓度时氡的活度浓度。

平衡因子

氡的平衡当量浓度与氡的实际浓度之比。也称实际氡衰变产物混合物的 α 潜能浓度与放射性平衡时应有的 α 潜能浓度之比。

现存照射情况

在采取控制措施之前，由于辐射源已经存在而导致受照的情况。这些辐射源包括天然本底照射、核事故或辐射突发事件后长期污染地区，以及委员会建议书之外的既往实践活动产生的残留物导致的照射。

照射途径

辐射作用于人体或放射性核素进入人体导致照射的途径。

分级方案

对于照射控制体系，如国家体系或安全体系实施的一个过程或一种方法，其中拟采取的控制措施和条件严格程度，在切实可行的范围内与失效可能性、可能性后果及其危险程度相称。

医疗照射

受检者与患者接受包含有电离辐射的医学检查或治

疗而受到的照射。此外还包括知情而自愿扶持帮助受检者与患者所受到的照射，以及生物医学研究中志愿者所受到的照射。

公众

受到除医疗照射与职业照射以外其他照射的任何人。

全国氡调查

为了确定全国居民所受到的氡照射水平而进行的氡浓度分布调查。

天然存在的放射性物质

除天然放射性核素外，不含明显量的其他放射性核素的放射性物质，包括因某些过程改变了天然放射性核素的活度浓度的物质。

职业照射

工作人员在其工作过程中受到的所有照射。这类照射的发生可合理地认为是运营管理者的责任。

管理层

在最高层次指导、控制和评价一个组织的个人或人群组。可以用许多词汇描述管理层，例如首席执行官、总经理、常务董事及高层管理团队等。

防护最优化

综合考虑经济和社会因素，为使受到照射和潜在照射的概率和大小可合理达到的尽可能低水平，而确定辐射防护水平的过程。

计划照射情况

职业照射中涉及有计划的应用和操作的情况。计划照射情况可引起可预期发生的正常照射与非预期的潜在照射。

α潜能浓度

α潜能浓度为单位体积空气中氡–222 和氡–220 的任意比例的各种短寿命子体完全衰变时（由氡–222 子体衰变为铅–210 和由氡–220 子体衰变为铅–208），所发出的α粒子的能量总和。α潜能浓度的 SI 制单位为 $J \cdot m^{-3}$。

公众照射

公众受到除职业照射或医疗照射辐射源产生的照射。

氡–220 子体

氡–220 的衰变产物，在本报告中主要指短寿命的衰变产物，如钋–216、铅–212 或铊–208。

氡–222子体

氡–222的衰变产物，在本报告中主要指短寿命的衰变产物，钋–218或钋–214。氡子体的英文名称除“Radon progeny”外，还可用“radon decay products”及“radon daughters”来表示。

氡潜势区

在调查基础上确定的与其他地区相比氡浓度显著升高的地理区域或行政区域。

参考水平

在现存照射情况下，参考水平代表一种剂量或危险水平，对计划准许存在的照射而言，高于这一水平即认为是不恰当的，低于该水平也应进行辐射防护最优化。参考水平值的选择取决于所考虑照射的主要情况。

危险

危险是指发生某一后果（如肺癌）的可能性。关于危险的词条归纳如下：

1）相对危险

相对危险指在受照人群组中观察到的特定疾病（如肺癌）的发病率或死亡率与未照射人群组之比。

2）超额相对危险

相对危险的倒数。相对危险如上所述。

3）危险系数

每单位暴露量或单位剂量所增加的危险。

通常采用每个工作水平月所对应的超额相对危险表示，单位为（焦耳·小时·每立方米）$^{-1}$ [（J·h·m^{-3}）$^{-1}$]、（100 贝可·每立方米）$^{-1}$ [（100 Bq·m^{-3}）$^{-1}$] 或每希沃特（Sv^{-1}）。

4）危害

危害是一个由 ICRP 提出的概念。它反映了受照人群及其后代最终所承受的健康危害总量。危害是一个多维概念，主要是由一些随机变量组成，包括：致死癌症概率、非致命癌症的加权概率、严重遗传效应的加权概率以及寿命缩短。

雇员

雇主所雇用的任何人，无论全职、兼职还是临时工，一旦和他/她确认了工作相关权利和义务关系，即视为雇员。

工作水平

既往表示氡子体α粒子潜能浓度的单位，定义为1 m^3

空气中任何比例的短寿命氡子体混合物将释放出 1.30×10^8 MeV • m^{-3} 的α潜能，大约相当于 2.08×10^5 J • m^{-3}。

工作水平月

在氡子体α潜能浓度为 1 个工作水平时，工作 1 个月（170 小时）所接受的氡子体暴露量。

1 引 言

1.1 背景

（1）委员会曾在第 65 号出版物中（ICRP，1993）发表过关于对氡照射防护的建议书。委员会总结了现有的关于吸入氡及其子体对健康影响的知识，依据 2 年前出版的基本建议（ICRP，1991）提出了住宅与工作场所的氡照射管理的基本框架。

（2）在第 101 号出版物的第 2 部分（ICRP，2006b）中，委员会更新了对辐射防护最优化的建议。该部分没有包含对于氡照射的具体规定，但强调了最优化原则（适用于所有照射情况）在放射防护中的重要性，并建议扩大到氡防护过程中涉及的利益相关方。同时，委员会修订了第 103 号出版物中的基本建议（ICRP，2007），其中有一节专门用于住宅和工作场所的氡防护。该节广泛采纳了第 65 号出版物的建议（ICRP，1993），并介绍了用参考水平替代行动水平的概念。

（3）近期，委员会回顾了氡危险的相关科学认识。2009 年，委员会发布一项声明，更新其关于居室和工作场所氡照射的立场，并修订了危险系数值和参考水平。ICRP 关于氡及其子体与肺癌相关危险的声明发表于第 115 号出版物（ICRP，2010）。

（4）自第 65 号出版物发布以来，许多国家在实施控制氡照射政策过程中积累了经验。此外，多个国际组织也提供了科学认识和专业指导。值得一提的是，联合国原子辐射效应科学委员会发布了氡照射与危险的报告（UNSCEAR，2009），世界卫生组织从公共健康的管理角度颁布了室内氡照射手册（WHO，2009）。最近，ICRP 氡声明的关键内容已被纳入国际与欧洲基本安全标准（IAEA，FAO，ILO，OECD/NEA，PAHO，UNEP，WHO，2011；EURATOM，2014）。

（5）本报告的目的是，参考上述出版物的内容，更新和修改关于控制氡照射的建议。本报告也考虑了修订后的吸入和摄入放射性核素的剂量系数，包括氡及其子体，这将在 ICRP 其他的出版物中做详细介绍。

1.2 范围

（6）氡是铀–238、铀–235 和钍–232 的放射性衰变产物。在铀–238 衰变链中，同位素氡–222 是镭–226 的一个直接衰变产物（图 1.1）。在铀–235 衰变链中，产生同位素氡–219（图 1.2）。钍–232 衰变链中，产生同位素氡–220，它是镭–224 的直接衰变产物（图 1.3）。人类受到氡的照射主要来源于氡–222，更准确地说，是氡的–222 的短寿命子体。氡–220 半衰期很短，在室内空气环境中氡–220 的照射通常不太重要。氡–219 半衰期很短且无显著迁移，对照射的贡献很少，本出版物中不予讨论。

（7）居室内的居民或工作场所的工作人员不可避免地受到氡–222 和氡–220 照射。人们在公共或私人场所也会受到氡的照射，如市政府、邮局、学校、医院、养老公寓、监狱、商店和娱乐场所等，他们既可作为公众成员（如客户、用户、游客和学生），又可作为工作人员（如职员、搬运工、店主、引导员、保安、教师和护士），有时既是工作人员也是居住者（如门卫）。本报告中控制氡–222 照射的建议适用于任何地点及所有人。氡–220 较少涉及健康问题，应主要关注与建筑材料有关的规定（见 4.4 节）。

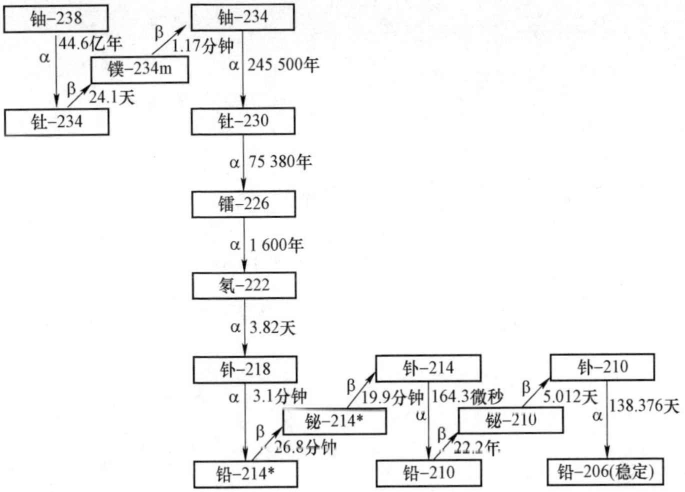

图 1.1 铀－238 衰变产物（*伴生显著γ射线）

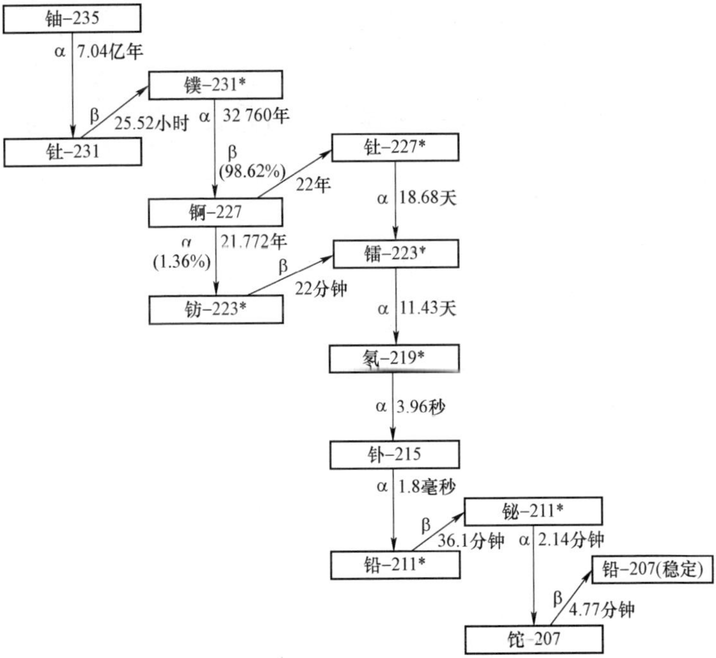

图 1.2 铀－235 衰变产物（*伴生显著γ射线）

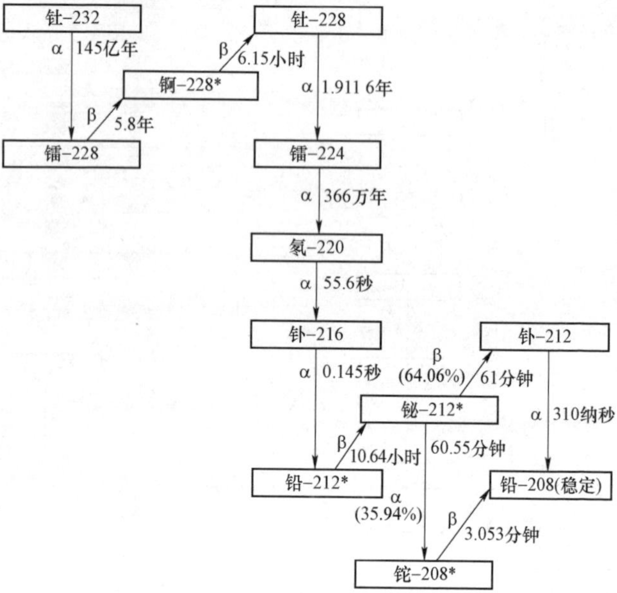

图 1.3　钍 – 232 衰变产物（*伴生显著γ射线）

（8）本报告目的是描述和阐明委员会氡照射防护体系的应用。为保护没有认定为职业照射的公众和工作人员，氡照射防护体系聚焦于建筑物管理，如住宅、多用途建筑和大多数工作场所。铀矿类特定工作场所中工作人员受到的氡照射视为职业照射，本报告未给出氡个人照射管理相关建议。

1.3　结构

（9）第 2 章主要阐述了氡 – 222 照射的特点、氡 – 222 照射控制的简史，描述了氡来源和迁移机制、健康危险的性质和程度，也讨论了制定国家氡防护策略面临的主要挑战。

（10）第 3 章介绍了氡照射防护体系。阐述如何在不同照射情况下进行人员分类，并分三个部分讨论了防护正当性、防护最优化及剂量限值的应用。

（11）根据具体情况，第 4 章提供了实施氡照射防护策略的指导。第 4.1 节讨论了制定国家氡防护行动计划来控制建筑物中氡照射。第 4.2 与 4.3 节分别关注预防与缓解。第 4.4 节聚焦于建筑材料。第 4.5 与 4.6 节提出了一般工作场所与铀矿中工作人员的氡防护措施。第 4.7 节专门介绍了利益攸关方之间的交流互动。

2 氡照射的特点

2.1 历史回顾

（12）17 世纪之前，研究发现中欧地区矿工存在很高死亡率。直到 19 世纪末，这些矿工死亡的主要原因才确定为肺癌（Haerting 和 Hesse，1879）。1924 年，有研究提出这些肺癌可归因于氡照射（Ludewig 和 lorenzer，1924）。

（13）这些最初的观察结果推动了氡的测量。早期的氡测量主要限于对不同现象开展环境方面的研究，如大气导电、大气迁移以及土壤中气体析出。20 世纪 50 年代，铀矿中氡子体监测方案的发展，推进了工作人员所受氡照射的控制。

（14）20 世纪 50 年代，首次开展室内氡测量（Hultqvist，1956），但室内氡照射并未引起足够重视。然而，从 20 世纪 70 年代开始，某些国家越来越多的居室氡测量工作相继开展，氡测量例数的增加揭示了居室氡浓度逐渐升高的趋势。过去的10年中，许多国家开展了居室和工作场所的氡调查，并依据调查结果实施相应的管理策略。

（15）1986年，氡被正式确定为一种致肺癌因素（WHO，1986；IARC，1988）。当时，对氡诱发肺癌危险的主要认识来源于井下矿工的流行病学研究数据（ICRP，1993）。

（16）自20世纪90年代以来，数个研究提供了关于低剂量照射危险的数据，并且揭示了慢性低剂量率氡照射会导致较高的危险（Lubin et al.，1997；NRC，1998；EPA，1999，2003；Tomášek et al.，2008）。此外，对近期居民氡照射致肺癌病例对照数据的合并分析结果显示，低剂量氡照射增加了肺癌患病危险（Lubin et al.，2004；Darby et al.，2005，2006；Krewski et al.，2006）。

（17）氡照射控制历史的演进的全面综述见第65号出版物（ICRP，1993）。

2.2 氡的来源与转移

（18）氡-222是铀-238的一种放射性衰变产物，铀-238以不同浓度（达10^{-6}水平）存在于地壳中。氡-222的半衰期为3.82天，它是镭-226的直接衰变产物。

（19）放射性衰变产物主要停留于发生原子衰变的岩石中。当衰变产物为气态时，气态原子能够移动。如果衰变发生在靠近岩石裂隙或断裂面，衰变气体可以运移出来。土壤间隙的空气中含有大量的氡，浓度在 2 000～10^6 Bq · m^{-3}。因此，氡的测量点通常选择土壤表面下 0.5～1 m 处（Cothern and Smith，1987；Winkler et al.，2001）。孔隙中氡的运移主要依靠扩散，速率取决于土壤的孔隙度和渗透率；也可通过对流，速率取决于裂缝和断层。氡溶解于地下水而迁移，也是运移的另一重要机制。

（20）氡气在其发生衰变之前可以从土壤转移到大气中。通常从土壤中逸出的氡含量通常较少，并在空气中迅速稀释，稀释程度取决于大气稳定度、风速以及湍流水平（与垂直温度梯度相关）。因此，氡–222 在大气中的浓度通常较低且不稳定。陆地上测量的氡浓度值在 1～100 Bq · m^{-3} 之间变化。典型的室外氡–222 浓度约为 10 Bq · m^{-3}，海岸和岛屿附近的氡浓度较低（UNSCEAR 2000，2009）。

（21）氡–220 是钍–232 的一种放射性衰变产物，钍–232 以不同浓度赋存于地壳中。氡–220 在环境中的运移规律不同于氡–222。氡–220 与氡–222 相比，具有更短的半衰期（$T_{1/2}$=55 s），它的迁移并不明显。室内空气中氡–220 的主要来源是建筑材料。不同地方的室内氡浓度存在很大差异。不同国家室内氡-220 平均水平在 0.2～12 Bq·m^{-3} 范围内（UNSCEAR，2000，2009）。通常氡-220不存在辐射防护问题，除了在一些特殊情况下，如某些传统房屋。

（22）氡从土壤释放到室外大气中会被迅速稀释，但若进入如住宅等封闭场所，这种情况将发生很大变化（图 2.1）。氡气在室内的积累水平取决于建筑物的通风。建筑物内外微气象参数，特别是室外和室内空气之间的温度差，导致了土壤与建筑物地基之间的压力变化。土壤上方地板的透气性和地板下爬行空间的通风，可导致含土壤中的氡气富集。通常，压力差下产生的氡运移比自由扩散更强。若不存在压力差，土壤地基的密度比表层高，通过扩散作用的氡运移会减少。

（23）氡从土壤向建筑物内迁移取决于以下几个参数：

• 土壤构成（化学成分，地质成分，土壤湿度和氡渗透性）；

• 土壤中的氡浓度；

• 所关注建筑物或场所内、外，土壤和建筑物周围、土壤和底层房间的大气压力差；

• 建筑物接地面积；

• 建筑物外层气密性，包括管道、穿线电缆罅隙、裂缝，特别是地板和建筑地基的气密性。

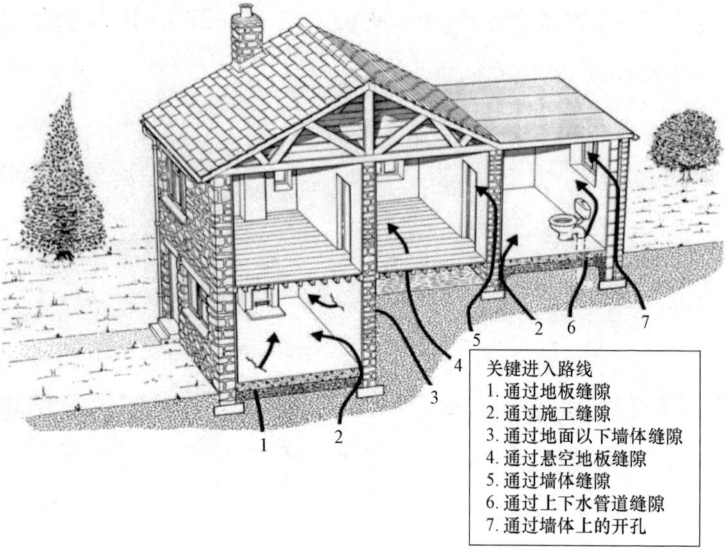

图 2.1　室内氡进入路径

（24）建筑物内氡的迁移取决于以下几个因素：

- 建筑的空气循环取决于通风和空气调节系统；
- 微气象和季节等决定因素，主要是室内外空气温度差；
- 楼层和房间的大小；
- 生活方式，如开门、关窗和住户的行为习惯等。

（25）建筑材料中含有不同浓度水平的铀和钍。氡气能够从材料中释放到周围的空气中。释放氡气的量依赖于氡核素产生速率和材料孔隙率。对于普通建筑材料，氡积累于建筑物的速率约为 0.05～50 Bq · m^{-3} · h^{-1}，相应的氡浓度为 0.03～30 Bq · m^{-3}（平均空气交换率为

0.7 h^{-1})。特殊情况下室内氡浓度可达 1 000 Bq • m^{-3}(在混凝土镭含量较高的情况下)。然而，在大多数情况下，与土壤中的氡渗出相比，这些氡的来源是次要的(EC，1999)。

(26)氡在水中溶解度不高，但地下水中氡浓度的变化范围相当大，从几个到数万个贝可每立方米(Skeppstrom and Olofsson，2007)。一些自用水井、钻井和温泉中已观测到较高的氡浓度。如果含氡水作为家庭用水，氡可逸出并进入室内空气，导致氡水平升高。由于公共用水供应过程中氡衰变或脱气，大多数水氡浓度并不高。

(27)无论氡来自何处(土壤、建筑材料、水)，室内氡浓度可相差几个数量级，其范围从 10～70 000 Bq • m^{-3}变化。依据 UNSCEAR(2009)的报告，世界范围室内氡浓度平均值约为 40 Bq • m^{-3}。

2.3 氡的危险

(28)传统意义上对氡照射危险评估基于既往流行病学研究，数据主要来源于对地下铀矿矿工的随访调查。这种方法可以估计出不同暴露水平相对危险，采用工作水平月(WLM)、或焦耳 • 小时 • 米$^{-3}$(J • h • m^{-3})或贝可 • 米$^{-3}$(Bq • m^{-3})表示。ICRP 第 65 号出版物(ICRP，

1993）给出了一种剂量转换约定，可以直接比较单位氡及子体照射的危害与单位有效剂量的总危害。氡及其子体照射的危害基于矿工流行病学研究而确定，单位有效剂量总危害则是基于日本的原爆幸存者γ射线辐射剂量学及流行病学研究确定。这种比较关系可以粗略估计单位氡照射引起的有效剂量，以 mSv/WLM 或 $mSv/Bq \cdot h \cdot m^{-3}$，而用 $Bq \cdot m^{-3}$ 表示导出行动水平。对于所有其他放射性核素，有效剂量这一辐射剂量学量参考了人类生物动力学和剂量学模型，并由委员会所指定的辐射和组织权重因子计算得到。但对于氡照射问题，ICRP 第 115 号出版物（ICRP，2010）中，委员会表示剂量系数的计算将包括氡和其他放射性核素。

2.3.1 流行病学证据

（29）WHO 组织编写了室内氡手册（WHO，2009），依据既往数据评估了居室氡照射可能引起的健康效应，归纳为以下结论：

• 流行病学研究证实，室内氡浓度升高将增加普通人群患肺癌危险。氡照射引起的其他健康影响还未得到证实。

• 所有肺癌患者中，氡相关比例估计为 3%～14%，该比例是根据各国的平均氡浓度水平计算获得。

• 在许多国家，氡被认为是仅次于吸烟的第二大致肺癌因素。相比终生不吸烟者，氡更可能导致烟民或曾经吸烟的人患肺癌。然而，对于不吸烟者，氡是肺癌发病率增加的主要原因。

• 低于某剂量的氡照射不会产生健康危险，这样的浓度阈值是不存在的。即使低浓度的氡也可以小幅度增加患肺癌的危险。

（30）第 115 号出版物中（ICRP，2010），委员会对氡及其子体的照射与肺癌危险进行了全面评述，并对工作人员（地下矿工）和普通公众进行氡照射的流行病学分析，其主要结论如下：

• 井下矿工队列研究和住宅居民所受氡照射的病例对照研究结果充分地证明，氡及其子体可引起肺癌。但到目前为止，对于除肺癌以外的实体瘤和白血病，尚未发现一致、可信的证据，表明实体瘤发生与氡及其子体照射直接相关。

• 矿区和室内肺癌危险估计值比较研究呈现出良好一致性。三个住宅地区合并的病例–对照研究（欧洲、北美、中国）也给出了类似结果。校正浓度测量随机性引入的不确定因素后，欧洲住宅病例–对照研究报告了每 100 Bq·m^{-3} 的超额相对危险度为 16%（95%置信区间：5%～32%）（Darby et al.，2005）。对于居室内相对低浓度、持续氡照射的实际来说，考虑到这种危险估计是基于至少 25 年的氡照射时间累积，该值也是一个合理的危险估计。

• 75 岁的终身不吸烟者，如果终生受到的氡照射平均浓度分别为 0、100 和 400 $Bq \cdot m^{-3}$，其肺癌危险估计为 0.4%、0.5%和 0.7%。对于 75 岁终身吸烟者，如果终生受到的氡照射平均浓度分别为 0、100 和 400 $Bq \cdot m^{-3}$，其肺癌危险估计为 10%、12%和 16%（Darby et al.，2005，2006）。因此，吸烟仍然是肺癌最重要的原因。

• 根据矿工流行病学研究结果，包括室内氡照射（较低水平持续照射）研究结果，调整标称危险系数 5×10^{-4}/WLM［0.14（$J \cdot h \cdot m^{-3}$）$^{-1}$］适用于每单位剂量照射的肺损害估计。这个值是来源于近期的成年人照射研究结果，该值约为第 65 号出版物计算值的 2 倍（ICRP，1993）。

（31）基于上述评述，委员会在氡声明中建议平衡状态下的氡及其子体照射的调整标称危险系数为 $8 \times 10^{-10}/Bq \cdot m^{-3} \cdot h$，适用于各年龄段人口，也包括非吸烟者和吸烟者（ICRP，2010）。委员会的这一发现与 UNSCEAR 在联合国大会上的提议（2009）及其他综合性评估结论是一致的。

2.3.2 剂量学方法

（32）人体吸入氡子体的当量剂量和有效剂量，可以通过 ICRP 推荐的生物动力学剂量模型进行计算，这些模型包括人体呼吸道的模型（ICRP，1993，2014a），人体消化道模型（ICRP，2006a），钋、铅和铋的系统生物动力学模型（ICRP，2014b）等。基于氡气的生物动力学模型，用于计算吸入氡气所引起的有效剂量（ICRP，2014b）。

（33）氡–222 衰变产生一个固态的钋–218 原子，继而衰变为如图 1.1 所示的其他放射性核素。氡的短寿命衰变产物（钋–218、铅–214、铋–214）可在空气中以未结合态存在，份额与环境条件有关。它们可以通过表面沉积和通风去除。

（34）氡是一种惰性气体，几乎所有吸入的氡随后即被呼出。大部分吸入的氡子体将沉积在肺气道。由于半衰期短，氡子体在通过血液吸收或输运到消化道而被廓清之前已将剂量授予肺组织。钋–218 和钋–214 短寿命子体所释放出的 α 粒子作用于肺部，提供了主要沉积能量，而全身器官和消化道区域沉积能量较低。因此，肺部的当量剂量贡献占吸入氡子体有效剂量超过 95%的份额。吸入氡气引起的有效剂量，通常为吸入氡子体剂量的 10%以内。

（35）剂量主要取决于氡子体浓度、持续照射时间、呼吸率差异以及气溶胶特性，如氡子体的气溶胶粒径分布和未结合态份额。通过氡气测量来表征照射时，则需要用平衡因子 F 来估算氡子体浓度。剂量学模型的大部分参数，如呼吸速率需对应于“参考人”或“参考工作人员”。矿井和普通室内工作场所是委员会提出的剂量学模型（ICRP，2014b）优先考虑的两种职业照射情况，估算的剂量转换系数并未区分吸烟者和非吸烟者。这一做法对于实现放射防护的目的来说是适当的。

（36）对于住宅，估算的剂量转换系数为 13 mSv/WLM（Marsh and Bailey，2013）。根据该剂量转换系数，平衡因子 F=0.4 和每年 7000 h 驻留时间，年均氡浓度 300 Bq · m^{-3} 则相当于现存照射参考水平（1～20 mSv）范围的高位处。相较而言，采用流行病学方法导出剂量转换约定（见 Para.28*）和 ICRP 第 115 号出版物、Marsh 等人（2010）提出的修正标称危险系数（ICRP，2010），住宅中 300 Bq ·m^{-3} 的氡浓度相当于年有效剂量 10 mSv。对于矿井照射，采用剂量学方法得到 11 mSv/WLM 的剂量转换系数，与剂量转换约定得到的结果趋于一致。

2.4 氡照射管理面临的挑战

（37）国家防氡策略可解决室内氡照射控制所面临的诸多难题，特别是在公共卫生和责任方面。

* 译者注：原文为“Para.27”，有误。

2.4.1 公共卫生因素

（38）住宅、工作场所和多用途建筑中的公众或工作人员受到氡照射。考虑到个人在一天当中会在许多地方停留，氡的防护策略理论上应给出不同位置的一致性管理要求。尽管人们在不同位置停留时间有所不同，但也应提供一个综合的管理方法。

（39）与其他癌症相比，氡致肺癌的死亡率较高，世界卫生组织指出室内氡照射是一个重大的公共卫生危害因素（WHO，2009）。人们大部分时间是在室内度过，尤其是在家中。从公共卫生的角度来看，住宅氡照射是最重要的，氡防护策略应该重点关注住宅氡照射，而不是规范管理下的公共场所和工作场所。对于公共场所和工作场所，管理制度更为适用。

（40）目前未发现有关儿童氡照射的流行病学研究，但通常认为他们比成人对辐射更敏感。考虑防氡策略的整体一致性及全生命周期的累积危险，委员会尚未给出针对儿童的具体指导和建议。然而，当建筑物内有儿童存在时，仍应强化防护意识、优先实施预防和缓解措施。

（41）从公共卫生的角度，降氡是一个长期的目标。预防新建筑内的氡照射意义重大。在新建和修缮建筑中采取氡预防措施是一个很好的局部解决方案，随既往经验的积累和建筑规范的广泛应用（STUK，2008），代价效益比也在提高。氡照射的预防有助于提高包括建设部门在内的相关专业人员的放射防护意识。

（42）已有建筑的补救措施常适用于高氡建筑物，用于阻止这类建筑氡进入的主要来源。氡水平通常可以降低 10 倍。

（43）个人氡照射水平的分布较为宽泛。有证据表明，长期暴露于低于 200 $Bq \cdot m^{-3}$ 氡浓度水平的照射也可以导致肺癌的发生（ICRP，2010）。因此，氡预防的目标应该是降低整体人群的危险。为了公平起见，应合理可行尽量地降低个体受到的最高照射剂量。然而，完全消除氡的照射是不可能的。

（44）氡照射不是公众危险的唯一来源。氡防护策略应适当规模化开展，并考虑其他健康危害和国家确认的优先项。此外，氡防护策略和其他公共卫生政策（如禁烟和室内空气质量改良政策）应进行比较与整合，避免不一致性，以达到更好效果。

（45）考虑到氡照射无处不在、环境条件多样性和决策者差异，应采取一个简单的、现实的、完整的氡防护策略，解决大多数情况下面临的问题。国家必须支持长期持久地实施氡防护策略，且涵盖所有利益攸关方。

2.4.2 利益攸关方的责任

（46）国家防氡策略必须解决责任方面的一些挑战，尤其是个体房主对住户、房产商或卖方对买方、房东对租客、雇主对雇员，总而言之是任何建筑物的责任人对其使用者负有责任。所有这些因素都会成为防氡策略实施的潜在影响。

（47）氡照射主要是居室家庭问题，氡防护策略的成功与否，在很大程度上取决于个人为减少居室中氡照射危险而决定采取的自主防护行动。一般情况下，国家应引导、组织人们能够清晰认识氡危险，特别在高氡地区，国家应帮助个人建立氡防护意识并承担起相应的责任。必须承认，目前只有少数国家建立了氡防护策略和政策，个人主动防护意识较差，亟待增强。制定氡防护的行动计划并长期推进是一可行措施，行动计划应描述氡危险，并说明应当采取的行动。具备必要的基础设施、给予有效的信息支持、能够保证测量能力和及时采取补救措施都是良好行动计划的前提。

（48）所授权行动的执行水平与法律责任的落实程度密切相关。房主在房子出租或出售时负有责任。雇主对雇员的职业健康和安全负有法律责任。学校管理者对学生与职员的健康负有法律责任。同样的考虑也适用于其他公共建筑和场所。国家制定的公共卫生政策应广泛，并包括氡防护相关策略。

（49）氡防护责任明确提出，应确定一种分级方法来界定和实施氡防护策略。这种分级方法应兼顾远大目标和现实情况。

3 ICRP 氡照射的放射防护体系

（50）ICRP 在第 103 号出版物中（ICRP，2007）阐述了放射防护体系。根据第 44 段，“放射防护体系适用于所有的辐射源照射，无论其规模和来源”。特别是，根据第 45 段，“委员会的建议涵盖了天然与人工辐射源，整体上只适用于照射源或个体接受剂量的照射途径可合理控制的情况。这种情况的源称为可控源。”

（51）室内氡照射是可控的，因为个体受照途径在很大程度上可被控制或影响。室外土壤间隙中氡浓度水平可能很高，但通常大气扩散和对流可稀释氡，因此在环境空气中的氡浓度一般较低，除氡析出率很高的少数地区外，最多几十贝可每立方米（UNSCEAR，2009）。委员会认为，因无法合理地控制照射源照射途径，室外氡照射无须加以控制，除因人类活动引起非常高浓度水平的室外氡。

3.1 照射情况和照射类型

3.1.1 照射情况的分类

（52）照射情况是指天然或人工辐射源释放的辐射，通过各种输运途径而导致人体受到照射的过程。ICRP 第 103 号出版物（ICRP，2007）建议依据三种照射特征进行防护：计划照射、应急照射和现存照射。计划照射是有目的地引入和操作辐射源引起的，照射可以预期和完全控制。应急照射是由于照射源的失控，为了避免或减少不良后果，必须采取紧急行动的情况，另外还包括恶意行为或任何其他意外情况。现存照射是指决定控制有关照射时，照射已经存在的情况，包括天然辐射源以及过去的事件、事故和实践引起的照射。这些照射情况的特征是控制照射的前提。

（53）氡来源于广泛存在于地壳中且浓度未经改变的天然放射性核素，因此氡照射具有现存照射情况的特征。人类活动可以创建或改变氡的输运途径，从而使室内氡的浓度高于室外本底水平。预防和缓解行动可改变这些途径，但源本身并不能被改变，而且在决定采取控制之前就已经存在。住宅和工作场所的氡照射是ICRP 第103 号出版物中现存照射的典型案例（ICRP，2007，Para.284）。

（54）通常，铀矿开采中氡照射采用与计划照射情况相同的管理，这是因为铀矿开采不仅是核燃料循环的一部分，而且工作人员同时会受到氡和其他辐射源的职业照射，比如γ外照射和吸入或摄入放射性气溶胶。其他涉及工作人员的氡照射情况由国家管理部门确定，哪些从一开始应定为计划照射情况。

（55）尽管存在着氡浓度非常高，需要立即实施防护行动的情况，特别是影响到房产责任人权益（包括负有照看责任的住户），但其也不大可能产生应急照射情况。

（56）与第 60 号出版物（ICRP，1991）相比，第103 号出版物（ICRP，2007）建议对各类照射情况采用一致的管理方法。该方法以在适当的剂量限制下（即剂量约束或参考水平）防护最优化的应用过程为基础。

3.1.2 照射类型

（57）委员会按照射对象的不同分为3种类型：医疗照射、职业照射和公众照射。

（58）职业照射是工作人员因从事的工作所受到的辐射照射。然而辐射无处不在，直接应用上述定义将使所有工作人员均被纳入放射防护管理。因此，委员会将“职业照射”限定于，工作人员在工作中受到的照射，应能合理地被视作运营管理者负有责任的情况（ICRP，2007，Para.178）。在大多数工作场所中，氡照射具有非计划特征（既不由工作引起，也与工作性质无关，而仅仅是由于处在工作场所而引起的照射）。

（59）第65号出版物（ICRP，1993，Para.86）指出“通常以与公众相同的方式对待未被视为职业照射的工作人员”。考虑到工作人员的健康和安全仍然是雇主的责任，这一条继续有效。换言之，对非计划的工作场所，不是通过对个人照射的控制，而是通过对建筑物或地点的控制来管理氡照射，以期保护驻留者并实现总体防护目标。

（60）对于计划照射伴随的氡照射控制（如核设施内或医院放射场所），委员会提出了一个实用的方法。若第 3.3.5 节介绍的工作场所详细分级方法涵盖氡照射，工作人员所受氡照射应仅为他们全部职业照射的一部分。

（61）委员会对氡照射控制的方法与场所类型直接相关。第 65 号出版物（ICRP，1993）区分了住宅氡和工作场所氡的防护方法。考虑到特定个人在住宅、工作场所和多功能建筑中类似区域内不断的移动，按照对公众照射的要求，委员会推荐的整体分级氡防护方法可在所有建筑物中使用。此外，根据定量标准的参考水平或定性标准的活动或设施表（见 3.3.5 节）所确定的那些工作场所，委员会认为适用于职业照射。

（62）对于新方法框架下的工作场所氡照射管理，委员会不再采用第 103 号出版物中介绍的术语“起点”（“entry point”，ICRP，2007，Para.298；单个行动水平值 1 000 $Bq \cdot m^{-3}$），来描述氡浓度高于职业照射防护要求的情况。

3.2 防护策略的正当性

（63）ICRP 防护体系中，辐射实践正当性是两项与源相关的基本原则之一（ICRP，2007，Para.203）。应用该原则时，任何改变照射情况的决定都应当是利大于弊。这意味着通过采用新辐射源，减小现存照射，或降低潜在照射危险，人们应获得足够的个人或社会利益以弥补其引起的损害。

（64）氡照射控制主要是指改变照射途径的行动，而不是直接对源的行动。在这些情况下，正当性原则决定是否实施一项氡照射防护策略。防护策略的实施总会带来某些不利因素，应由带来的利益大于危害来证明其是正当的（ICRP，2007，Para.207）。政府或国家审管部门对判断正当性以保证对社会总体有利负有责任。国家审管部门判断正当性，应考虑氡浓度评估、高氡地区确认、公共卫生优先顺序和社会经济因素等特征。

（65）委员会认为，有较多的论据为实施国家防氡策略提供广泛的正当性理由，它们包括：

- 氡是辐射照射的重要源项，还是继吸烟之后导致普通人群患肺癌的第二大因素。

• 氡照射是可控的，存在可行的技术来预防和缓解室内高氡浓度；

• 防氡策略对诸如室内空气质量和禁烟等其他公共卫生政策具有积极的影响。降低氡浓度有助于缓解烟草导致的健康效应。

（66）与终生不吸烟的人群相比，氡照射更容易导致吸烟人群或过去曾经吸烟的人群罹患肺癌。还有证据表明，氡是不吸烟人群患肺癌的主要病因之一（WHO，2009）。吸烟者和不吸烟者的超额相对危险水平相当，实践中很难对吸烟者、非吸烟者、被动吸烟者或曾经吸烟者的氡控制加以区分。比如，一个建筑内可以禁止吸烟，但是实际中却很难限制一个有着吸烟习惯的人进入该建筑。工作场所中区分吸烟者和不吸烟者将会引起道德和社会问题，委员会建议在氡照射管理中不区分吸烟者和不吸烟者。

3.3 防护的最优化

（67）防护的最优化是放射防护的第二条基本原则，也是防护体系的核心。它与正当性原则一样，都是与源相关的，适用于计划、应急和现存照射情况。根据最优化原则，在考虑了经济和社会因素后，受照射的可能性、受照射人员的数目以及个人受照剂量的大小均应保持在可合理达到尽量低的水平。这意味着，在当前情况下防护水平应尽可能保持最佳，取利益代价的最大值。为了避免这种优化过程中的严重不公平结果，应当对个人受到特定源的照射剂量或危险加以限制（剂量约束或危险约束以及参考水平）（ICRP，2007，Paras 203 和 211）。

（68）防护最优化的实施过程应是一个良好实践的放射防护计划的核心。放射防护计划应考虑照射情况的相关属性而认真构建，还应包含与照射情况相匹配的利益攸关方。委员会认为这两个方面是最优化过程的重要组成部分（ICRP，2006b，Para.23）。

3.3.1 参考水平

（69）ICRP 第 65 号出版物中（ICRP，1993），委员会认为对一个持续导致人均年有效剂量 10 mSv 以上的住宅，采取氡防护补救措施总是正当的。工作场所与住宅的干预行动水平采用相近的有效剂量值，是合乎逻辑的。鉴于此，对于简单的补救措施可考虑一个较小的目标值，委员会建议采用 3～10 mSv 范围的值作为住宅或工作场所干预行动水平的基准。行动水平定义为：达到年平均氡浓度（干预行动水平基准）时，建议对住宅或工作场所进行干预，以降低氡照射。

（70）ICRP 第 103 号出版物中（ICRP，2007），委员会搁置了行动水平的概念，代以与最优化原则相适应的参考水平概念。在应急照射和可控的现存照射情况下，参考水平代表的放射防护目标仍是考虑经济和社会因素后，减少总剂量贡献到可合理达到的尽可能低的水平。在参考水平以上时，应判断导致职业照射是不合适的。

（71）采用参考水平概念代替行动水平概念，使最优化原则在高于和低于参考水平情况下均适用。参考水平不是“安全”和“危险”的分界，也不能反映个人的健康危险发生了质变。

（72）根据第 103 号出版物（ICRP，2007），参考水平值的选择依赖于所考虑照射情况的主要特征（ICRP，2007，Para.234）。为选取合理的参考水平值提供指导，委员会在一个连续的危险范围内（线性无阈假设）划定了分级要求（ICRP，2007，Table5），用于反映个人在当前照射情况下自愿接受的危险度。依赖于照射特征及反映较高或较低的行动需求，分级要求分为三个层次：可控源；照射情况的个人或社会利益；与信息、培训和剂量或医学监护相关的要求。在数值上，急性照射剂量或年照射剂量的三个层次为：<1 mSv、1～20 mSv 和 20～100 mSv。

（73）根据第 103 号出版物（ICRP，2007），现存照射情况的参考水平通常应当设置在 1～20 mSv 的层次内。这适用于受照个人从照射情况直接受益的情况，以及源照射可控或照射途径的行动可控的情况，在可能的情况下，应尽量减少个人的受照剂量。正常情况下，氡照射无法通过对源的控制而达到防护目标（除少数特例），但可以通过采取简单的预防行动和缓解行动等途径来加以控制。通常，不因控制氡照射而迁移至其他建筑或区域，而继续使用原建筑的人们获得的利益更大*。

（74）第 103 号出版物（ICRP，2007）中，委员会保留了第 65 号出版物（ICRP，1993）中有效剂量 10 mSv 的个人参考水平上限值。该值位于 1～20 mSv 层次的中位处，与第 103 号出版物（ICRP，2007，Table 5）中给出的基本概念一致。为了连续性和实用性，委员会建议继续采用 $10\ mSv \cdot a^{-1}$ 左右的参考水平。室内氡的浓度（$Bq \cdot m^{-3}$）是可测量的值，委员会建议采用其为导出参考水平。

* 译者注：本段原文内容各句之间的逻辑关系较为艰深，此处在理解的基础上做了意译。

3.3.2 氡导出参考水平

（75）基于流行病学认识，委员会的氡声明（ICRP，2010）将住宅中氡气的导出参考水平从 600 Bq · m^{-3}（ICRP，2007）降低到 300 Bq · m^{-3}，住宅中氡气的导出参考水平上限值仍为 300 Bq · m^{-3}。尽管 300 Bq · m^{-3} 并非对应于唯一的年剂量值，但可确定：该水平下绝大部分的年剂量处于 1～20 mSv · a^{-1} 范围内。委员会认为这对于现存照射情况是适合的。

（76）世界卫生组织编制的室内氡手册中，WHO 指出从公共卫生的角度，以住宅中氡浓度 100 Bq · m^{-3} 作为国家氡防护参考水平是适当的。但需要指出的是，这个参考水平在很多国家难以实施（WHO，2009）。近期修订的国际基本安全标准 IAEA GSR Parts 3（IAEA、FAO、ILO、OECD/NEA、PAHO、UNEP、WHO，2011）和欧洲基本安全标准（EURATOM，2014）等标准已经采用了 300 Bq · m^{-3}。正如在第 103 号出版物中所述（ICRP，2007，Para.295），与其他可控的辐射源一样，国家管理部门有责任在考虑当前的经济和社会情况下建立自己国家的参考水平，并实施防护的最优化。基于建筑物或地点的导出参考水平与年平均氡浓度相关，委员会强烈建议将国家导出参考水平设为 100～300 Bq · m^{-3} 内可合理达到的尽量低的水平。此外，尽管吸烟者因氡照射罹患肺癌的绝对危险明显高于非吸烟者，但氡防护中并不区分吸烟者和非吸烟者。

（77）由于人们在同一区域四处移动，国家审管部门应对不同地点制定和实施整体、一致的防氡策略。因此，对公众成员和工作人员都可能进入的住宅和混用建筑（比如学校、医院、商店和剧场）应沿用相同的导出参考水平，并将其扩展到无公众出入且氡照射不应作为职业照射的工作场所（如办公大楼和典型的工作间）。

3.3.3 优化过程

（78）根据第 101 号出版物第二部分（ICRP，2006b，第 22 段），“应提供当前照射情况下（计划、应急或现存照射）的最佳防护，低于剂量限值的优化过程应通过一个可持续、循环过程来进行，它包括：评估照射情况以确定是否要采取行动；确定防护措施来尽可能合理地降低照射剂量；在当前情景中做出最好的选择；通过有效的最优化程序实施方案；并定期检查照射情况来判断是否需要纠正防护行动。”

（79）委员会认为，最优化应区分预防与缓解。预防的目的是在当前条件下将预计的照射保持可合理达到的尽可能低的水平；缓解的目的是降低剩余照射到一个可合理达到的尽可能低的水平（见图 3.1）。对于氡的照射，防范的重点在于实施建筑规范以避免新建筑物出现室内高氡情况，而缓解的重点是利用改善通风等技术降低已有建筑物内的高氡浓度。

（80）为了公平，最优化过程目的降低的不仅是人群的整体危险，也包含了对最高受照剂量个体的辐射危险，即在个人受照剂量分布的上端（见图 3.2）。在预防与缓解两种情况下，最优化过程包括：对建筑物或场所进行合理管理，应使室内氡浓度合理可达尽可能低于国家导出参考水平。对于存量建筑，应采取适当的处理措施，进行后续日常维护与周期性监测，确保氡处于较低水平。

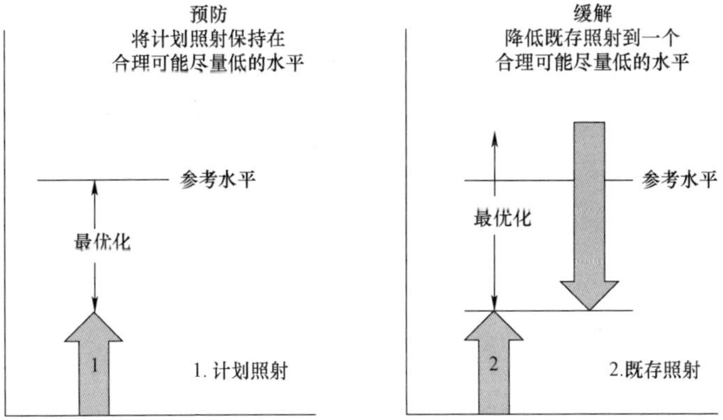

图 3.1　最优化原则的实施（ALARA 指把经济和社会环境因素考虑在内，保持剂量可合理达到的尽可能低的水平）

（81）实现显著降低人群氡照射危险的目标通常需要数十年，而并非几年的努力。

（82）建筑物内氡照射的防护最优化过程所采取的通用技术，包括代价利益分析与多属性技术等，应考虑如技术、经济、社会和伦理等相关因素。对于持续高氡暴露地区要特别注意权衡公平的问题。应相互比较：不同浓度氡照射可能导致肺癌患者的治疗费用（已采取预防和防护行动）和降低氡照射水平（HPA，2009；WHO，2009）的费用。这类分析可用于辅助决策新老建筑物中氡水平降低措施的代价利益分析。

3.3.4 国家导出参考水平

（83）如前所述，参照对其他可控辐射源的责任，国家审管部门也应考虑当前经济和社会状况，运用辐射防护最优化原则，建立室内氡浓度国家导出参考水平（单位：$Bq \cdot m^{-3}$）。如 3.3.2 所述，委员会强烈建议国家审管部门在 100～300 $Bq \cdot m^{-3}$ 范围设立可合理达到尽可能低的参考水平。

（84）建立国家导出参考水平的第一步是调查国内个体和公众照射情况、经济和社会因素、评估预防和缓解照射的可操作性。然后，应具体考虑不同国家或地区的特点和习俗国际组织的技术导则以及其他地域的良好实践案例，通过最优化过程得到导出参考水平的合理数值。应综合考虑如平均氡浓度、氡运移特性、高氡房屋数量和具体分布等因素。

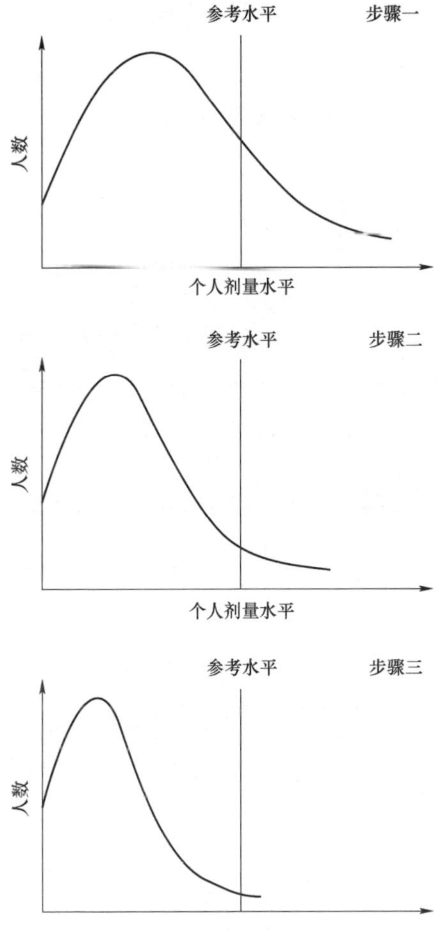

图 3.2 现存照射情况下使用参考水平，通过最优化处理后改进个人受照分布情况

（85）国家导出参考水平确立后，应采取防范和缓解措施有效降低氡照射。当然，采取措施后仅能将氡浓度降低到略低于国家导出参考水平是不够的，应将国家导出参考水平用于任何用途的新建筑设计阶段。

（86）应定期审查国家导出参考水平值，以确保其适用性。

3.3.5 分级方法

（87）目前，委员会建议应采用一种分级方法控制氡照射。这一方法中，氡防护策略应从一项旨在激励相关决策者推动氡自我防护行动开始，诸如测量和必要时的补救行动。该过程可通过提醒、建议、帮助和必要时的正式规定等形式来实施。这些不同行动的实施及实施水平应取决于照射情况的法律责任和国家氡防护策略的目标。

（88）防氡策略应包含一系列行动计划：氡迁移途径及危险基本信息、涉及人群知情度的提高行动、氡浓度测量活动和为测量与补救行动提供财政支持的组织（见第 4 部分）。行动可在某些地区优先实施，诸如高氡地区及占用率高的建筑，人员密集的建筑和人员停留时间较长的建筑物等。

（89）涉及法律责任时（例如，雇主/雇员、房主/租户、建筑师/购买者、卖方/买方、入住率高的公共建筑），可能需要制定一些强制性规定。与义务相关的强制性规定相比，激励性的规定更加有效，若在规定中限定了具体量化指标，则这些指标应具有很好的可溯源性，应符合国家导出参考水平的相关要求。

（90）防氡策略应保证：提出的要求应与责任人或组织可采取的手段相称，同时确保降低危险获取的利要大于弊。例如，提出的要求不应阻碍人们对氡水平的首次测量，也不应导致财产贬值或包含过多程序。若建筑物内存在高浓度氡，建筑物使用者等利益攸关方应当做出响应。若出现超出导出参考水平的情况，应根据实际情况调整响应。例如，住宅责任人应提供测量结果（如给政府相关部门或购买者）或承担补救的义务。

（91）在大多数工作场所，工作人员接受的氡照射具有偶然性，与工作地点的关系比工作活动更大。委员会认为，不应视这类场所中的氡照射为职业照射，这不会损害雇主对雇员的法律责任。这类工作场所包括大多数的多功能建筑，如学校、医院、邮局、监狱、商店、电影院、写字楼和通用工作场所。

（92）所有因偶然性的氡照射而未视为职业照射的工作场所中，应使用国家导出参考水平（300 Bq • m^{-3} 或更低）和最优化原则对工作场所进行管理。雇主对雇员法律责任的履行是通过法律规定、行为准则或者国家防氡策略中建筑物氡照射控制标准实现。

（93）测量的氡浓度和有效剂量两者的关系取决于

多种参数，包括平衡因子、照射时间等，不同地域之间这些参数差异显著。因此，如果在一个工作场所内氡浓度的水平超出国家导出参考水平，并不一定表明剂量参考水平会超出限值（约 10 mSv • a^{-1}）的要求。

（94）因此，若将工作场所氡浓度保持在低于国家导出参考水平存在困难，防氡策略应采用更实用的方法开展调查作为分级方法第二步骤。这意味着，要考虑照射情况的实际参数（如实际停留时间、氡子体测量）评估氡照射，计算结果应与剂量参考水平（10 mSv • a^{-1}）进行比较，以决定进一步行动的类型和必要性。在此阶段，以整体保护建筑物中所有人员为目的，而不是控制特定个人的照射剂量。

（95）尽管采用了一切合理的氡照射减少措施，个人在工作场所中接受剂量仍然持续超过 10 mSv • a^{-1} 时，应被视为职业照射，并依据职业照射的辐射防护要求进行管理：例如：收集包括被照射工作人员的身份、培训、个人剂量监测（以剂量或α潜能浓度表示）和记录以及健康监护管理等信息。在任何情况下，个人剂量都不应超过现存照射情况下设定的 1～20 mSv 等级上限值。这是分级方案中的第三个步骤。

（96）在某些特定类型的工作场所中，若工作人员在工作中会不可避免地受到氡照射，并且很显然与他们所从事的工作相关。无论此类氡照射高于或低于参考水平，国家审管部门应确定为职业照射。应在国家范围内建立具有职业性特征的氡照射工作场所或工作地点列表（如矿山，其他地下作业场所和地热温泉浴场）。

（97）工作场所中，如果工作人员受到的氡照射被认为是职业性照射，委员会建议应确定相关场所位置。这些相关场所可能是某一建筑，某一建筑的部分区域或某一地点的部分区域。在这些场所中，雇主应当使用最优化原则，遵守职业照射的要求。如果国家权威机构认为氡的照射应当被视为计划照射时，应该通过职业剂量限值来保证剂量的限制水平（见 3.4 部分）。

（98）委员会认为，国家审管机构应当决定工作人员受到的氡照射是否为职业性照射。

3.4 剂量限值的应用

（99）根据 ICRP 第 103 号出版物（ICRP，2007，Para.203），剂量限值是 ICRP 体系的第 3 个原则。它与个人相关且仅用于计划照射情况。这意味着，除医疗照射中患者受到的照射外，所有计划照射情况下可控源导致的个人剂量都不应超过委员会建议的剂量限值。为了统一要求，剂量限值应始终用于国家审管部门已确定为计划照射的氡照射情况中，尤其是工作人员接受的氡照射为职业照射时。委员会建议的职业照射剂量限值为有效剂量 20 mSv·a^{-1}，连续 5 年为 100 mSv 以内，任何一年不应超过 50 mSv（ICRP，2007，Para.244）。

3.5 小结

（100）图 3.3 展示了当前推荐的不同氡照射情况的通用管理方法。

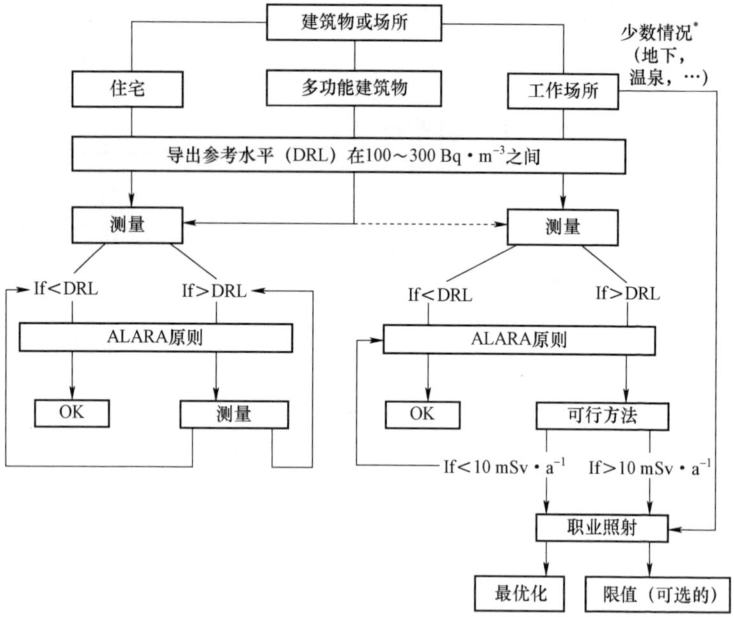

图 3.3　氡照射管理的通用方法
（ALARA 原则是指考虑经济和社会等因素，保持照射剂量可合理达到尽可能低的水平）

*从开始时，国家审管机构确定为职业照射的工作场所。

4 防护策略的实施

4.1 国家行动方案

（101）国家氡行动计划应当由国家审管部门与利益攸关方参与制定。氡防护行动计划的目标是利用辐射防护最优化原则，降低室内氡照射导致的群体与个体危险。

（102）行动计划应当建立一个清晰的框架，明确优先事项和责任，并阐述措施与步骤。根据照射情况，应确定利益攸关方，特别是受照者、应当提供支持或采取行动的责任方。此外，行动计划应当解决伦理问题——特别是对于责任相关者，并可持续地提供信息、指导、支持和条件。行动计划应当在一定程度上，尽可能地与建筑方面的其他标准保持一致，如室内空气质量或节能等，产生协同作用而避免相互冲突。

（103）实施国家氡行动计划需要国家、地区或地方审管机构在各类领域（如放射防护、公共卫生、劳动、土地规划、住房和建筑等），专业人员（如建筑师及相关专业、放射防护、公共卫生、医疗等），支撑组织（如专家、机构和协会等），以及相关责任人员与院所等相互协作。

（104）行动计划可包括推荐性和强制性规定。考虑到氡防护的最优化措施将落实到个人执行，因此，应为个人提供适当的信息和支持以解决氡防护的相关问题，如自主监测或适当的委托监测服务、合理使用建筑物和简单修复技术等。

（105）应当采用经认可的测量装备和工作方案开展全国氡调查，以确定代表国民氡照射水平的氡浓度分布。调查的主要 2 个目标应是：

- 通过人口加权的方法，选择典型居室内进行长期氡测量，估计室内公众氡照射的平均水平与分布；
- 识别室内高氡浓度的区域（如氡潜势地区）。可通过居室长期的氡测量实现这些地区的筛选。

（106）作为一种工具，氡潜势图可用于优化搜寻高氡浓度的居室或其他建筑，并且在新建筑物的设计和建设过程中辨别出需采取预防性措施的区域。然而，调查结论的确定需要在疑似氡潜势区中选定的建筑物内进行长期的测试验证。

（107）氡潜势区可利用测量土壤氡浓度间接判定（假定已建立室内氡浓度与建筑物地基下土壤氡浓度之

间转换系数），或通过测量室内氡直接判定。在判定过程中，也可利用地质信息。然而，不同的国家对于氡潜势区有不同的定义。它可以依据行政区划或其他已建立的地理划分进行界定，也可根据不同标准，如室内平均氡浓度（几何分布的算术平均值，中位数）、超过导出参考水平的建筑物比例及概率。国家氡防护行动计划中应特别指出氡潜势区的定义。

（108）即使在确认的氡潜势区，室内氡浓度的分布也相当宽泛，大部分数值可能较低。相反，即使在非氡潜势区也可能存在高氡浓度的建筑，尽管其发生概率较低。因此，在确定氡潜势区时，应当识别建筑物与高氡的相关特性。

（109）国家氡行动计划可以包含法律责任方面的强制性规定。例如，在测量、结果交流、记录保存、与参考水平的比对等方面应当是强制性的。然而，国家氡行动计划还应包括激励和支持性措施，如组织测量活动、将氡防护纳入住房改善计划和适当提供国家财政支持。应当定期实施这些措施。

（110）在国家氡行动计划中，应考虑公用建筑物的氡控制，尤其是人流密集区域：如学校、幼儿园、保健护理机构、医院与监狱。虽然可能是一个临时的情况，但人们经常无法避免地在这些建筑中持续居留相当长的时间。这些人可能意识不到自己暴露于高氡环境中，也缺乏降低氡照射等自我防护意识。

（111）对于公众和工作人员的共用建筑，导出参考水平应参照住宅情况。不建议在同一封闭建筑内使用不同的参考水平。

（112）此外，应该实施预防和缓解措施，使得氡水平符合导出参考水平。氡浓度的监测与记录是必要的，相关信息应提供给建筑内的公众及工作人员。应对建筑的相关负责人提供适当的支持，以确保他们能够履行自己的责任和义务。

（113）国家氡行动计划提供了适用于公共建筑的分级管理方法，如国家审管部门监管的工作场所（详见 3.3.5 部分）。

4.2 预防

（114）氡防护策略应包括采取预防措施，控制潜在氡照射。无论室内的位置、居留人群的类别和照射情况的类型，应考虑在建筑物的规划、设计和施工阶段解决氡照射控制的问题。通过土地规划、新建筑的建设规范和老旧建筑物的改造等方式实施氡照射防护。

4.2.1 区域和地方土地规划

（115）高氡浓度的建筑，氡浓度变化较大，特别是由于地质条件的剧烈变化。在区域和地方土地（特别是氡潜势区）规划过程中，应考虑这种差异。氡潜势图的绘制应建立在地质条件、土壤氡的测量以及存量建筑室内氡及钻井水氡测量等数据的基础上（见 4.1 部分）。

（116）氡潜势图和适当的数据应提供给相关国家、区域和地方审管部门、建筑专业人员和相关公众，用于帮助他们规划、建设和改造建筑物。

（117）土地规划具有强制性。虽然氡潜势图对于土地规划是一个有用的工具，但是不能仅依靠其给出的结果。由于无法在建设前预测建筑物氡浓度，进一步的调查，如土壤氡测量，是有益的补充。建筑物氡浓度依赖于多种因素，只有建成和使用中的建筑内氡测量能够提供有意义的结果。除极特殊情况外，氡地图不应导致地区中建筑由于高氡而被禁用。

4.2.2 建筑条例和规范

（118）国家、区域和地方审管部门应考虑在房屋的施工或修缮过程中，实施建筑条例和规范中氡防护的相关要求。通常认为，在建筑设计和施工中采取防氡措施是保护公众最经济的方法。随着时间的推移，正确实施上述措施能够降低全国氡的平均水平，和减少氡浓度超过或接近国家导出参考水平的新建筑数量。

（119）确保建筑条例和规范得到遵守是很重要的。质量保证计划应在专业人员或在监管层面实施。应指出的是，仅依靠建筑条例和规范的实施并不能确保新建筑物的氡水平低于导出参考水平。因此，业主和管理者应该意识到，适时进行测量是了解建筑内氡浓度水平的唯一方法。如有必要，应考虑采取进一步的降氡措施。

4.3 缓解

（120）国家氡防护策略还应包括对存量建筑与封闭空间的降氡措施。应尽量通过对建筑物（或地点）和其使用条件的管理控制氡照射，而不考虑居留人员类别。主要措施包括测量和必要时的防护措施。

4.3.1 氡测量技术和方案

（121）考虑到使用率以及氡浓度的日或季变化等影响因素，对给定建筑或场所的氡测量应当对居留人员所受的长期氡照射提供可靠估计。氡浓度测量的一致性和质量保证是提供可靠估计的重要先决条件。因此，应定期进行审核、更新氡测量方案。ISO 已经建立了氡的标准化测量方法（ISO，2012 a-g）。

（122）理想情况下，覆盖所有季节的全年长期测量要优于短期估计。然而测量周期过长往往出现探测器被移动或被遗忘，因而通常选择几星期到几个月较短的测量周期。可靠的测量应代表年平均浓度，并也可考虑对结果进行季节性修正。测量设备应具有操作指导并易于使用。测量应当尽可能地节约成本。实施缓解措施后，应当进行测量、评估缓解效果。应定期进行测量工作，避免情况恶化。

（123）在住宅和工作场所测量氡-222 子体时，换算为氡浓度的前提是假定氡气及其子体之间的平衡因子为 0.4。

4.3.2 降氡方法与其适用性

（124）降低氡照射的主要方法为防止氡进入有人居留的空间，采用被动和主动技术从室内空气中排除氡气。

（125）降氡技术主要目的是为了抑制氡从土壤向建筑物内对流和扩散，包括以下措施：

- 增强建筑整体的气密性（如封闭氡气进入路线）；

• 通过多种土壤减压技术，改变室内与室外土壤之间的空气压力差（例如，对建筑下的土壤空气进行降压，安装降氡系统、安装地下室超压装置等）。

（126）通过与外界空气的交换，稀释是降低住宅中氡浓度的一种有效方法。人员居留空间中的被动或主动式通风管理，可实现缓解的目的。在采暖或降温的室内空气条件下，可采用平衡通风。由于关联了室内与土壤、室外气压，平衡排气通风不会增加或降低室内气压。这种通风技术使稀释后气体进入建筑物，降低氡浓度。风机通风可稀释建筑内的氡气，也可降低土壤和建筑空间之间的压力差。一种解决方案并不适合所有类型的建筑，也不适合所有浓度水平的氡。相反，这些技术的组合可最大限度地降低氡浓度。

（127）压水井作为供水水源的建筑，水氡可能是潜在的氡源。水氡脱气后进入房间（尤其是在喷水过程中），可能会发生显著的短时照射。可减少水氡进入环境空气中的技术包括在使用之前对水进行脱气处理，或使用活性炭床对水进行过滤。

（128）国家或国际机构制定的详细降氡技术指南详见 2009 年 WHO 报告（WHO，2009）。

4.4 建筑材料

（129）建筑材料对氡照射的贡献通常很小，但特殊情况下氡–222 的释放仍不可忽视。此外，建筑材料（混凝土，砖等）中的钍通常是室内氡–220 的唯一来源。因此，控制墙壁、天花板和地板表面装饰材料（石膏等）中的钍浓度能有效降低室内氡–220 水平。为了预防建材不良影响，应优选镭–226 和钍–232 含量低的建材。欧盟（EC，1999）建立了一个基准体系（放射性浓度指数），评估建材 γ 辐射危险、规范建材使用。通常，如对建材使用 γ 辐射的控制标准，氡析出不会导致室内氡浓度显著超出导出参考水平。而对于大量析出氡–220、氡–222 建材的使用，应当进行正当性判断。

4.5 工作人员的防护

（130）工作场所中，如果工作人员受到的氡照射不被认为是职业性照射，应该按照公众照射来对待。然而，对公众不易进入（或居留时间十分有限）的工作场所，应建立一些最优化后有针对性的防护措施作为氡分级防护方法的一部分，包括：

• 专门的测量方案（如，在工作人员居留时的位置进行测量）；

• 参考水平的具体使用，参考水平可根据实际照射参数导出，如居留时间、平衡因子，以 10 mSv/a 为剂量参考水平等计算；

• 对工作条件的管理（如，在一些情况下限制居留时间）；

• 测量的实施，结果讨论与记录保存，参考水平符合度等要求。

（131）具体细则的实施以及国家审管部门的监督可能需要聘请外部专家。

（132）对于存在氡职业照射的工作场所，业主和国家审管部门需制定相关的要求，通常包括：

• 考虑人员居留时间，以有效剂量、氡浓度、α潜能浓度的形式建立合适的参考水平；

• 确定关注的工作区域；尽管存在工作场所控制、监督分区并不现实的情况，但确定职业照射区域，并适当控制出入仍很重要；

• 为工作人员提供充足的信息告知、指导及培训；

• 必要时，使用个人防护装备；

• 照射监测可采用：个人监测，集体监测，或以上二者不适用、不充分或不可行时通过场所监测来推算；

• 照射记录；

• 工作人员健康监护；

• 辐射防护文化的培养；

• 遵守参考水平。这包括结合具体工作场所居留时间的工作场所监测。氡个人剂量计可以分组或个人佩戴使用。在任何情况下，都不应当超过 20 mSv/a 的剂量值。

4.6 铀矿工的氡防护

（133）铀矿工接受的氡照射从一开始就可由国家审管部门确定为计划照射管理。铀矿开采业是一个典型的例子。影响这个管理决策的因素还包括矿井中其他放射源引起的照射、γ 射线外照射、放射性矿尘的吸入或摄入等。长寿命的放射性矿尘广泛存在于开采、研磨矿石初期过程以及精制铀产物中，通常是氧化铀粉末。此外，根据工艺过程，矿井中还可能存在其他铀衰变系列放射性核素的潜在照射。在铀矿工作场所，氡子体可能是辐射照射的主要来源。因此，在铀、钍矿开采过程中，矿工的氡防护是管理方的责任。

（134）根据 ICRP 放射防护体系，计划照射情况应遵守剂量限值，采用剂量约束进行防护最优化从而控制照射。理想情况下，在设计阶段应确定一个剂量约束。放射性矿床具有高度多样性。这就意味着，成功开采资源需要多种矿物开采方法和途径。因此，剂量约束以及最优化过程随着矿山不同而发生变化。在某些情况下，剂量约束以及最优化过程会随着时间推移，伴随物理条件的变化而变化。

（135）铀矿中控制氡及其子体职业照射的原则类似于计划照射情况其他工作场所。工作场所的合理设计以及适当的工程控制，可以有效限制与控制氡照射。但在某些情况下，由于源项较强和其他物理条件（如井下作业）的限制，铀矿中氡及其子体的可变性和/或高照射的可能性变大*。在这些情况下，对于监测方案的细节须给予足够的关注，以确保对工作场所条件和个人剂量进行充分评估。氡浓度高且易变的环境条件下，应考虑使用实时监控系统和个人剂量计。相反，氡及其子体浓度低且相对稳定的条件下，定期的工作场所监测也可满足要求。一般来说，主动通风工作场所无法依据氡气浓度和假设平衡条件来评估氡子体照射。因此，应进行氡子体浓度（即α潜能浓度）的测量。

（136）氡子体照射量转换为剂量需要剂量转换因子。在过去（ICRP，1993），氡子体的剂量转换因子基于流行病学研究。现在，委员会建议使用 ICRP 推荐的包含辐射

* 译者注：本段原文内容各句之间的逻辑关系较为艰深，此处在理解的基础上做了意译。

权重因子和组织权重因子的生物动力学和剂量学模型来计算氡子体的有效剂量转换系数（ICRP，2010）。这些剂量系数取代了以往基于流行病学的剂量转换方法。

4.7 利益攸关方互动

（137）国家防氡策略首要的支持性措施是提高氡防护意识，这类意识在很多国家似乎都非常薄弱。应使公众易于接受和理解氡的相关知识包括：氡在封闭环境如何富集及相关的健康危险，氡的检测与高浓度氡的缓解。这些都应该告知公众，特别是民意代表、公务员、居民、房主、雇主和在校学生等。

（138）对涉及氡的相关人员（建筑商、建筑师、辐射防护专业人员、雇主、工会和职员）开展培训，有助于确保防氡降氡措施的科学计划、规划与执行。专业人员的培训是国家氡行动计划的重要部分，以便室内氡浓度超过或接近导出参考水平时，居民或业主能够获取预防与缓解氡的方法。另外，也应当向其他相关领域的专业人员（卫生、房地产）提供适当的信息和培训。

（139）随着氡与吸烟之间协同作用在肺癌危险评估中的证实，已确证公共卫生项目中降氡举措与公共场所禁烟之间的联系，至少应提出相应警示。

（140）全国氡行动计划应包含防氡降氡防护行动的成本与效益预算信息。应定期从不同层面上（即地方、区域和国家）收集数据，并提供给利益攸关方。

5 结　论

（141）本报告旨在对氡的辐射防护提供最新指导，这些指导是基于放射防护体系（ICRP，2006b，2007）及其持续不断的改进成果，氡照射（UNSCEAR，2009；WHO，2009；ICRP，2010）所致健康危险的最新评估，以及近年许多国家和国际组织进行氡防护过程中获取的有益经验。

（142）对于氡防护的问题（ICRP，1993，2007），委员会以前的建议是把住宅和工作场所区别开来，分别采取不同的放射防护管理措施。现在，委员会建议所有的建筑物都应该采用统一的氡照射防护策略，而不论建筑物的用途以及居留者的状态。通过国家行动计划来实现建筑物氡防护策略，是以低于空气中氡浓度表示的导出参考水平为前提，并应用最优化原则为基础。委员会鼓励各国审管部门在考虑当前的经济和社会情况的前提下设定可合理达到的尽可能低至 100～300 Bq·m^{-3} 范围内的参考水平。

（143）从公共健康的角度并根据照射情况分级，至少在高氡潜势区，该新方案旨在覆盖所有建筑物（住宅、多功能建筑和一般的工作场所）。委员会强调，在所有类型建筑中主要通过建筑规范以实现防范措施。

（144）本报告对认定为接受职业氡照射的工作人员的管理提供具体指导。它涵盖了氡照射未达到参考水平的照射情况，也包含了国家审管部门列入监管范围的活动或设施。防护策略基于最优化原则和职业照射相关要求的应用。国家管理部门认定作为计划照射管理的氡照射，适用职业照射剂量限值。

（145）对大部分氡照射情况推荐了一个简单、完整、有分级的防范与缓解方案，委员会期望降低目前世界范围内公众受照的主要来源——氡照射。

参考文献

[1] Cothern, C. R., Smith, Jr, J. E., 1987. Environmental Radon. Plenum Press, New York, pp. 98–107.

[2] Darby, S., Hill, D., Auvinen, A., et al., 2005. Radon in homes and risk of lung cancer: collaborative analysis of individual data from 13 European case-control studies. BMJ 330, 223–227.

[3] Darby, S., Hill, D., Deo, H., et al., 2006. Residential radon and lung cancer-detailed results of a collaborative analysis of individual data on 7148 persons with lung cancer and 14, 208 persons without lung cancer from 13 epidemiological studies in Europe. Scand. J. Work Environ. Health 32(Suppl. 1), 1–84.

[4] EC, 1999. Radiological Protection Principles Concerning the Natural Radioactivity of Building Materials. Radiation Protection 112. European Commission, Luxembourg.

[5] EPA, 1999. Proposed Methodology for Assessing Risks from Indoor Radon Based on BEIR VI. Office of Radiation and Indoor Air, United States Environmental

Protection Agency, Washington, DC.

[6] EPA, 2003. Assessment of Risks from 1106 Radon in Homes. Publication EPA 402–R–1107 03–003. Office of Air and Radiation, United States Environmental Protection Agency, Washington, DC.

[7] EURATOM, 2014. Council Directive 2013/59/EURATOM of 5 December 2013 laying down basic safety standards for the protection against the dangers arising from exposure to ionising adiation. Off. J. Eur. Union L 13, 1–73. Available at: http: // eur-lex. europa. eu/ LexUriServ/ LexUriServ. do?uri=OJ: L: 2014: 013: 0001: 0073: EN: PDF(last accessed 3 May2014).

[8] Haerting, F. H., Hesse, W., 1879. Der Lungenkrebs, die Bergkrankheit in den Scneeberger Gruben. V. gericht. Med. Öff. Gesund Wes. 30, 296–309 and 31, 102–132, 313–337(in German with English abstract).

[9] HPA, 2009. Radon and Public Health. Report of the Independent Advisory Group on Ionising Radiation. Health Protection Agency, Chilton.

[10] Hultqvist, B., 1956. Studies on Naturally Occurring Ionising Radiations. Thesis. K. svenska VetenskAkad. Handl. 6(3). Almqvist u. Wiksells Boktryckeri, Stockholm.

[11] IAEA, FAO, ILO, OECD/NEA, PAHO, UNEP, WHO,

2011. Radiation Protection and Safety of Radiation Sources: International Basic Safety Standards-Interim Edition. IAEA Safety Standards Series No. GSR Part 3(Interim). International Atomic Energy Agency, Vienna. Available at: http: //www–pub. iaea. org/ MTCD/publications/ PDF/p1531interim_web. pdf(last accessed 3 May 2014).

[12] IARC, 1988. Monographs on the Evaluation of Carcinogenic Risk to Humans: Man-made Fibres and Radon. IARC Vol. 43. International Agency for Research on Cancer, Lyon.

[13] ICRP, 1991. 1990 Recommendations of the International Commission on Radiological Protection. ICRP Publication 60. Ann. ICRP 21(1–3).

[14] ICRP, 1993. Protection against radon–222 at home and at work. ICRP Publication 65. Ann. ICRP 23(2).

[15] ICRP, 2006a. Human alimentary tract model for radiological protection. ICRP Publication 100. Ann. ICRP 36(1/2).

[16] ICRP, 2006b. The optimisation of radiological protection: broadening the process. ICRP Publication 101, Part 2. Ann. ICRP 36(3).

[17] ICRP, 2007. The 2007 Recommendations of the International Commission on Radiological Protection. ICRP

Publication 103. Ann. ICRP 37(2–4).

[18] ICRP, 2009. Application of the Commission's recommendations to the protection of people living in long-term contaminated areas after a nuclear accident or a radiation emergency. ICRP Publication 111. Ann. ICRP 39(3).

[19] ICRP, 2010. Lung cancer risk from radon and progeny and Statement on Radon. ICRP Publication 115. Ann. ICRP 40(1).

[20] ICRP, 2014a. Occupational intakes of radionuclides Part 1. Ann. ICRP(in press).

[21] ICRP, 2014b. Occupational intakes of radionuclides Part 3. Ann. ICRP(in preparation).

[22] ISO, 2012a. 11665-Part 1: Radon–222 and its Short-lived Decay Products in the Atmospheric Environment: their Origins and Measurement Methods. International Standards Organisation, Geneva.

[23] ISO, 2012b. 11665-Part 2: Radon–222: Integrated Measurement Methods for the Determination of the Average Potential Alpha Energy Concentration of Short-lived Radon Decay Products in the Atmospheric Environment. International Standards Organisation, Geneva.

[24] ISO, 2012c. 11665-Part 3: Radon–222: Spot Measurement

Methods of the Potential Alpha Energy Concentration of Short-lived Radon Decay Products in the Atmospheric Environment. International Standards Organisation, Geneva.

[25] ISO, 2012d. 11665-Part 4: Radon−222: Integrated Measurement Methods for the Determination of the Average Radon Activity Concentration in the Atmospheric Environment Using Passive Sampling and Delayed Analysis. International Standards Organisation, Geneva.

[26] ISO, 2012e. 11665-Part 5: Radon−222: Continuous Measurement Methods of Radon Activity Concentration in the Atmospheric Environment. International Standards Organisation, Geneva.

[27] ISO, 2012f. 11665−Part 6: Radon−222: Spot Measurement Methods of Radon Activity Concentration in the Atmospheric Environment. International Standards Organisation, Geneva.

[28] ISO, 2012g. 11665−Part 7: Radon−222: Methods for Estimation of Surface Exhalation Rate by Accumulation Method in the Environment. International Standards Organisation, Geneva.

[29] Krewski, D., Lubin, J. H., Zielinski, J. M., et al., 2006. A combined analysis of North American case-control

studies of residential radon and lung cancer. J. Toxicol. Environ. Health Part A 69, 533–597.

[30] Lubin, J. H., Tomasek, L., Edling, C., et al., 1997. Estimating lung cancer mortality from residential radon using data for low exposures of miners. Radiat. Res. 147, 126–134.

[31] Lubin, J. H., Wang, Z. Y., Boice, Jr, J. D., et al., 2004. Risk of lung cancer and residential radon in China: pooled results of two studies. Int. J. Cancer 109, 132–137.

[32] Ludewig, P., Lorenzer, E., 1924. Untersuchungen der Grubenluft in den Schneeberger Gruben aufden Gehalt von Radium-Emanation. Z. Phys. 22, 178–185.

[33] Marsh, J. W., Bailey, M. R., 2013. A review of lung-to-blood absorption rates for radon progeny. Radiat. Prot. Dosim. 157, 499–514.

[34] Marsh, J. W., Harrison, J. D., Laurier, D., et al., 2010. Dose conversion factors for radon: recent developments. Health Phys. 99, 511–516.

[35] NRC, 1998. Health Effects of Exposure to Radon. BEIR VI Report. National Research Council, Washington, DC.

[36] Skeppstrom, K., Olofsson, B., 2007. Uranium and radon in groundwater: an overview of the problem. Eur.

Water 17/18, 51–62.

[37] STUK, 2008. Indoor Radon Mitigation. STUK–A229. Radiation and Nuclear Safety Authority(STUK), Helsinki (in Finnish).

[38] Tomasek, L., Rogel, A., Tirmarche, M., et al., 2008. Lung cancer in French and Czech uranium miners-risk at low exposure rates and modifying effects of time since exposure and age at exposure. Radiat. Res. 169, 125–137.

[39] UNSCEAR, 2000. UNSCEAR 2000 Report: Annex B. Exposure from Natural Radiation Sources. United Scientific Committee on the Effects of Atomic Radiation, New York.

[40] UNSCEAR, 2009. UNSCEAR 2006 Report: Annex E: Source-to-effects Assessment for Radon in Homes and Workplaces. United Scientific Committee on the Effects of Atomic Radiation, New York.

[41] WHO, 1986. Indoor Air Quality Research: Report on a WHO Meeting, Stockholm, 27–31 August 1984. World Health Organization, Copenhagen.

[42] WHO, 2009. WHO Handbook on Indoor Radon. A Public Health Perspective. World Health Organization, Geneva.

[43] Winkler, R., Ruckerbauer, F., Bunzl, K., 2001. Radon concentration in soil gas: a comparison of the variability resulting from different methods, spatial heterogeneity and seasonal fluctuations. Sci. Total Environ. 272, 273–282.